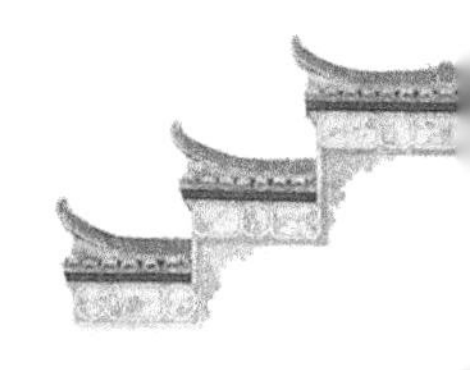

徽州传统村落复杂性认知与空间适应演进研究

李久林 著

东南大学出版社
SOUTHEAST UNIVERSITY PRESS
·南京·

图书在版编目(CIP)数据

徽州传统村落复杂性认知与空间适应演进研究 / 李久林著. — 南京 ：东南大学出版社，2022. 11

ISBN 978-7-5766-0342-2

Ⅰ. ①徽… Ⅱ. ①李… Ⅲ. ①村落—空间结构—研究—徽州地区 Ⅳ. ①TU982. 295. 4

中国版本图书馆 CIP 数据核字(2022)第 212557 号

责任编辑：马 伟 **责任校对**：子雪莲 **封面设计**：顾晓阳 **责任印制**：周荣虎

徽州传统村落复杂性认知与空间适应演进研究

Huizhou Chuantong Cunluo Fuzaxing Renzhi Yu Kongjian Shiying Yanjin Yanjiu

著　　者	李久林
出版发行	东南大学出版社
社　　址	南京市四牌楼 2 号(邮编：210096)
网　　址	http://www. seupress. com
电子邮箱	press@seupress. com
经　　销	全国各地新华书店
印　　刷	广东虎彩云印刷有限公司
开　　本	700mm×1000mm 1/16
印　　张	12
字　　数	227 千字
版　　次	2022 年 11 月第 1 版
印　　次	2022 年 11 月第 1 次印刷
书　　号	ISBN 978-7-5766-0342-2
定　　价	58.00 元

本社图书若有印装质量问题，请直接与营销部联系，电话：025-83791830。

序

中国传统村落是我国数以万计的乡村中最具代表性的一部分，承载着中华传统文化的精髓，是农耕文明不可再生的文化遗产。作为中华优秀文化遗产价值最为丰富的一部分，中国传统村落蕴含中华民族的本源精神和乡土气息，是维系华夏子孙文化认同的纽带。大量保存比较完整的传统村落使得人们能够触摸到历史，能够领略古人山水田园生活的恬静，能够通过不同的风俗信仰，感受地域文化的精彩纷呈。对于传统村落的保护与传承就是对优秀传统文化的重塑和认同；就是修复被人为割断的乡土历史，寻回被丢失的乡土文化，回归被遗忘的乡土价值观；就是对“看得见山，望得见水，记得住乡愁”的最好延续。

传统村落的保护与发展是在生态文明引导下实现美丽中国、乡村振兴，实现高质量发展、高品质生活和高水平治理的必然要求。随着中国进入由传统社会向现代社会全面转型的加速期，城乡人口流动频繁、城乡文化交融活跃、经济结构调整加快，传统村落面临基数庞大、衰落迅速、土地破碎、资源限制、文化衰退、认同薄弱、资金匮乏、延续性不足等问题。作为活态的文化遗产，一方面，传承独具地域特色和民族风格的乡土文化是当下实施乡村振兴战略的主要抓手之一，是不可忽视的极为重要的资源与潜在力量；另一方面，现实发展困境也成为让传统村落衰败，乡村振兴的资源受到破坏，失去振兴经济发展基础的重要支撑。因而，如何进一步加强传统村落的保护与利用，提升生活质量、改善生活环境、增强社会治理正在引起各级政府和学界的高度关注。

李久林博士以具有悠久历史、极具地域文化特色的徽州传统村落为例，依托参与的两项国家自然科学基金面上项目的成果积累，持续从事徽州传统村落保护、发展、改造和利用的研究工作。在南京大学攻读博士学位期间，我为他确定的研究方向为“区域规划、智慧城乡规划”，他将当下城乡规划学领域的前沿研究方法与传统村落文化振兴研究需求充分结合，在国家推进新型国土空间治理和弘扬优秀传统文化背景下，进一步拓展和深化传统村落研究视角，从技术层面耦合社会治理视角出发，探讨了集理论创新、要素综合、驱动机制与调控策略于一体的传统村落研究逻辑、系统框架、保护利用的新思路与新方法。

该书以传统村落复杂性认知与空间适应演进研究为主线，主要成果的创新点如下：(1) 分析了徽州自然山水、徽州文化、村落空间“文态-生态-形态”，梳理了徽州传统村落的演变过程及其发展逻辑；(2) 引入 CAS 理论，研究了传统村落的复杂适应性特征；(3) 融合城乡规划学、地理学等多学科方法，建构了“可感知、能学习、自适应”集成模型，揭示了传统村落自适应演化过程和机制；(4) 从传统村落自然生态格局优化、村落空间肌理重构和社会空间秩序重塑三个方面提出了传统村落自适应保护利用调控机制，为当代留住乡愁、保护传统村落、建设美丽乡村提供了全新路径。

该书的研究成果显示出作者扎实的研究功底，是作者攻读博士期间潜心钻研的结晶。该书在写作过程中做了大量翔实的现场调研，掌握了徽州地区第一批到第五批中国传统村落“一村一档”的档案资料，数据真实可靠，整个研究逻辑缜密、分析深入，充分将定量技术、空间分析、图形解析等多维方法融入课题研究当中，展现了南京大学数字城乡与智慧规划团队的学术特色。全书语言文字简洁准确，图文并茂，故而可读性较高。

传统村落的保护与发展近些年已有诸多学者开展了卓有成效的研究，如何建构新的分析视角和方法是个难题，希望我的弟子能够秉承所学，怀着对科学的敬畏、对真理的追求、对传统文化的热爱、对故乡的眷恋，继续克服困难、严谨求实、追求卓越，不断耕耘、创新，争取在该领域做出更大贡献。

徐建刚

2022 年 12 月于上海

前言

我国传统村落的发展轨迹深嵌于国家制度变迁进程一级制度形塑下的城乡结构。传统村落作为承载中华优秀传统文化且不可再生的文化遗产，具有丰富的价值内涵。2020 年 5 月 11 日至 12 日，习近平总书记在山西调研时强调“历史文化遗产是不可再生、不可替代的宝贵资源，要始终把保护放在第一位”。传统村落是活态的历史文化遗产，是不可再生的民族宝库，这种活性使其更容易受到侵扰，表现出更加脆弱的特点，因此更需要深入研究进行保护。其文化内涵及其表现形态、自然山水生态和村落空间形态共同作用构成了中国传统农耕文明的人居典范。然而，社会转型过程中诸如乡土建筑、自然生态以及人文环境等遭到了不同程度的破坏，甚至处于逐渐消亡的境地，亟须在生态文明理念下探索传统村落保护理论和更新方法，实现当代乡村振兴。

本书基于徽州地域文化的研究积累，从山水生态和空间形态耦合入手，梳理徽州传统村落系统演进过程中的社会经济发展逻辑。进而，引入 CAS 理论揭示各类空间建构、解构再到重构过程中所涌现出来的复杂内涵及不同主体之间的作用机制，建立主体适应性学习的 NK 模型，阐明复杂系统演进过程中可以被认知和借鉴的规律。进一步探讨基于复杂网络认知的区域生态网络层级结构、厘清“文态—形态”耦合的传统村落空间肌理，并将之参数化解析和重构。最后，形成一套基于复杂适应系统调控机制与调控策略于一体的传统村落当代适应性保护利用新思路与新方法。

本书的研究逻辑与内容构成主要包括四个方面。

(1) 基于"文态—生态—形态"的徽州传统村落价值内涵解析

从徽文化表现内涵、徽州山水生态、聚落空间形态三个层次充分理解徽州传统村落的演变过程和规律。徽文化以"新安理学"为内核，马头墙、天井、粉墙黛瓦、徽州三雕等共同组成的徽派建筑是徽文化的物化表现；贾而好儒、徽骆驼、无徽不成镇等展现的徽商形象，祠堂、家祭、族谱等展现的徽州宗族社会结构以及叠罗汉、板凳龙、打秋千等徽州民俗，均是徽文化的表现形式。徽州地区山脉起伏、盆地穿插，聚落空间具有沿盆地、水系而居的特征，且多处于土壤肥沃地带，各种生态资源富足，区域气候条件宜人，各方面因素共同促进了徽文化的繁荣。聚落空间在徽州区域中则呈现出高度集中、分布不均衡、外疏内密的空间分布状态。传统村落空间的营造利用独特的地理环境和资源条件，既通过人的实践力量来引导、调节自然的变化，又遵循、适应自然运行规律的"裁成""辅相"原则，体现"裁成天地之道，辅相天地之宜"的生态智慧。徽州传统村落系统总体格局上的自然智慧主要体现在适应自然生态的系统性思维(规避灾害、理水防水)、赖以生存的生产生活资源的可获取性(耕地、采光、通风、宜居等)，以及对于地域系统如生命过程的整体性认识。体现在社会语义主要是对于宗族精神的敬畏、治理秩序的尊崇以及共同体文化价值取向的认同感。

(2) 徽州传统村落演进过程的复杂性认知

基于传统村落特征内涵与价值认知，充分理解徽州传统村落历经千年不断演化的复杂过程，通过对自然空间与社会空间的耦合过程、绝对空间到符号空间的延伸转化、生产空间到消费空间的价值升华，揭示传统村落演进过程中各类空间建构、解构再到重构过程中所涌现出来的复杂内涵。

(3) 基于复杂性认知的传统村落自适应演化 NK 模型构建

基于复杂性认知，将复杂适应系统理论在徽州传统村落中进行转译，徽州传统村落复杂适应系统由多个适应性主体与环境之间相互作用形成。引入景观适应度理论 NK 模型，以"适应度"作为基本逻辑构建传统村落自适应演化的 NK 模型，分析徽州传统村落复杂适应系统的演进规律，揭示传统村落的自适应演化的过程和发展涌现的路径。

(4) 徽州传统村落空间重构与规划响应

立足现状，充分认识徽州传统村落在城镇化进程中的环境—土地—经济—社会问题以及传统村落空间肌理的破坏等一系列发展过程中的问题，基于复杂适应系统从鼎盛到衰落的结构性跌落和从无序到有序的复杂性再生理解，从层级生态网络的建构——基于参数化解析的聚落空间肌理的延续——基于价值网络重构的村落旅游产业空间组织——社会空间秩序的营造来优化徽州传统村落的复杂适应系统，建构传统村落空间再兴的体系，在传统乡土社会空间秩序被打破的情境下，满足生产生活的内容和复杂化的需求，传承其历史演进过程中所形成的传统价值和记忆空间秩序。充分考虑适应性主体之间以及主体与环境之间的复杂关系以规划调控实现传统村落的保护传承、乡村的振兴与发展。

本书在作者博士论文基础上修改完成，由于学识水平和认知水平的局限性，加之时间仓促，书中难免有诸多不妥之处，敬请读者批评指正。

李久林

2022年12月于安徽建筑大学

目录

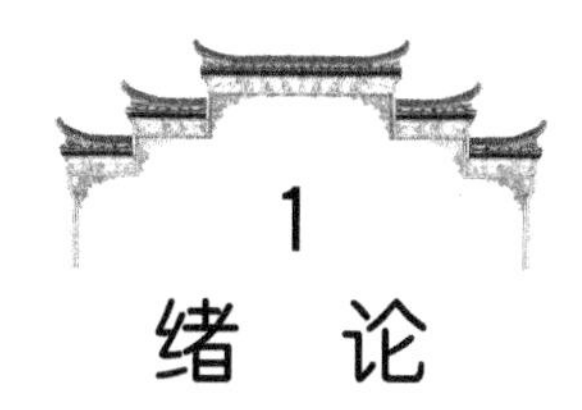

1 绪论

1.1 研究背景

传统村落作为优秀的历史文化遗产是人类社会珍贵的财富，一直是党和国家关注的重点，进入新时代，历史文化遗产更是作为增强文化自信的关键。习近平总书记在 2020 年 5 月于山西调研考察期间强调："历史文化遗产是不可再生、不可替代的宝贵资源，要始终把保护放在第一位。"传统村落被誉为活态的历史文化遗产，是不可再生的民族宝库，其活态传承的特征使村落更容易受到侵扰，表现出更加脆弱的特点，因此更需要深入研究进行保护。

1.1.1 新发展阶段传统村落多维价值凸显

1）社会价值观转型背景下传统村落价值认同感越来越强

所谓社会价值观，是在社会生活中人们对好坏之别、舍得之间、善恶之分、美丑之界等价值观点、见解、认知与抉择，对于社会发展、人民生活、经济繁荣乃至文化认知以及精神信仰等都具有十分重要的作用，其形成机制与社会主要矛盾之间具有十分重要的关联。党的十九大明确了我国当下社会的主要矛盾的变化，首要诉求变为人民对于美好生活的需要，这种美好生活并非是简单的物质基础，而是更深刻、更根本的精神宽慰。伴随着物质基础空前丰富的社会变革，人们渴求被逐渐遗忘的乡土文化，寻回被遗落的乡土价值，渴望回归获得心灵的慰藉，继承并弘扬中华优秀传统文化。中华上下五千年来探索出了诸多的智慧成果，传统村落便是其中重要一项，它寄托着古代劳动人民的生活、生产相关的记忆，是活态的博物馆，其所遗留的物质实体，在经济、文化、建筑、美学、人文、地理、生态等多方面都具有十分重要的科学价值。

2）生态文明背景下传统村落空间智慧逐渐焕发光彩

传统村落作为农耕文明人地关系的见证，正处在历史的十字路口，数字城市化率给所有人一种城市化率越高，中国的现代化就越容易实现的错觉。然而，在这个目标的背后，中国文明之根的乡村却面临着生存环境恶劣、生境质量骤跌、活力氛围殆尽等风险，这是一种断根的现代化，是忘本的、畸形的现代化。在这样一股洪流中，如何化解工业文明后遗症，满足传统村落生产、生活、生态的发展需求成为关注的焦点。党的十八大基于东方智慧，立足人地关系解决环境问题，明确提出了生态文明建设的主张，这一东方智慧的延续意味着三百年来人类征服自然的工业文明即将落下帷幕，而人与自然和谐共处的生态文明发展理念将取而代之。当代的生态文明理念倡导人地和谐这一客观规律，并在此基础上进行生产与发展进而获取物质需求与精神需求。传统村落作为中华民族五千多年形成的最根本、最基础的社会形态，书写了古人的生态环境智慧，是延续至今的见证。传统村落系统从天地人的关系出发，营造"天人合一"的居住模式，体现出古人质朴的生态观，负阴抱阳、依山傍水正是最原始的生态智慧，而这种人与自然和谐相处模式与当代社会的生态文明理念不谋而合。随着生态文明理念成为全社会的共识，在此背景下，传统村落的空间智慧逐渐被呼唤出它固有的光彩，这并非是一种对传统的怀念，而是基于传统智慧在当代社会的升华。

1.1.2 快速城镇化加剧传统村落发展困境

社会主义新农村建设以及新型城镇化的快速发展，使得分布于广袤国土空间内的传统村落发展与建设问题成为关注的焦点。城镇化是现代化发展和社会文明的必由之路，关系到当代社会每一个人的衣食起居、生老病死，表现为城市数量逐渐增多、城市规模逐渐增大、人口向城镇集聚等一系列涉及社会、经济、生态、空间以及精神和认知的变化，是精神文明和物质文明的直观体现。然而，这种单向的推力，也对城镇周围的农村地区产生了显著的影响，造成了农村地区人口老龄化、空心化、产业单一化等一系列消极现象。农村地区是人类社会最原始的生存状态，为城市的产生、发展以及良性运行提供了必要的条件，是人类社会一切生产活动能够进行的重要因素，同时占据了我国国土面积的巨大空间，是我国发展和现代化建设不可忽略和务必重视的力量。传统村落是农村地区特殊的组成群体，是古代劳动人民生产和发展的智慧结晶，同时直接体现出古代宗教信仰、风俗习惯等精神文明，更是城市化、现代化背景下的场所回归和精神诉求。然而，快速的城镇化，加速了传统村落空间解构:本地人口外流以及鳏寡孤独留守,加速了传统村落社会空间空心、老龄,使得传统村落活态度降低;物质向往以及现代价值观改变,促使传统村落精神空间断层、遗落,使得传统村落精神文明逐渐凋零;地方发展诉求和商业化的推进,促使传统村落生产空间由简单变得纷杂,使得传统村落生产文明质朴情怀逐渐消失;在社会空间、精神空间以及生产空间的共同作用下,使得传统村落物质实体空间逐渐斑驳、凋敝,使得传统村落空间消解现象更加直观地表现出来。

1.1.3 乡村振兴提供了传统村落发展契机

改革开放以来,在现代化浪潮的席卷下,乡土中国迎来向城乡中国发展的重大转型。承载中华千年文明根基的传统村落如何能在历史洪流中继往开来、焕发新生,成为我国新时代的重大历史命题。中国共产党第十九次全国代表大会胜利召开,会议明确提出对乡村振兴发展战略要加快实施,这也是新的时代我国坚持新的发展理念、全面推进建设中国特色社会主义和现代化强国的重大战略举措,为新的历史时代推进乡村的发展明确了总体思路,同时也指明了促进城乡之间和谐关系的整体发展道路和方向。乡村作为一个有机整体,随着上升为国家战略的直接对象,其所处地位也从附属于城市转向城乡并重,重要性不断凸显,乡村发展要一改之前的被动接受反哺而转向主动实现振兴,以迎接新时代的发展变革契机。传统村落在历史发展的进程中依然保存了较为完整的乡村形态,并且承载了鲜明的地域文化及特色的民风民俗,是传统乡土中国“产业兴旺、生态宜居、乡风文明、治理有效、生活富裕”的标志,然而却在工业化的快速过程中,受到政策、资金、技术、文脉以及习俗等的断层的影响,传统村落的发展严重受限。乡村振兴战略的提出,无疑是在纷繁的现代化中给予了传统村落一场及时雨,带来了充足动力和支撑力,为传统村落的保护与利用带来了发展机遇。

1.1.4 徽州文化孕育下传统村落亟待重视

徽州传统村落是徽文化孕育下诞生的,经历五次传统村落申报,徽州传统村落的数量、规模和历史保存情况在全国范围内都名列前茅,占据十分重要的地位。然而,在多种原因的共同冲击下,具有悠久历史、极高研究价值的徽州传统村落面临着诸如历史建筑损毁较严重、村庄环境问题突出、非遗文化传承后继乏人、相关主体之间存在利益冲突等传统村落保护进程中的共性问题与挑战,导致该地区文化内涵逐步丧失、功能空间失衡、生态空间破碎、生产空间蚕食等一系列问题,许多传统村落出现衰退甚至消失。随着保护的呼声持续高涨，徽州传统村落的保护利用得到各界人士的关注，但由于缺乏相关保护经验，保护观念与技术尚处于探索阶段，使得目前的保护方式过于单一，许多村落甚至出现了“换血式”改造，呈现风貌控制成效慢、村落空心化、建设性破坏等问题，亟须加强科学保护利用的学术攻关。

1.2 研究内容与行文安排

1.2.1 研究对象界定

根据2020年全国科学技术名词审定委员会审定公布的《城乡规划学名词》，传统村落(Traditional Village)，曾称“古村落”，包括：① 形成历史较长，拥有较丰富的文化与自然资源，具有一定历史、文化、科学、艺术、经济、社会价值的村落；② 经国家有关部门确认，列入中国传统村落名录的村落。

从《城乡规划学名词》字面意义理解传统村落的概念内涵，包括两个方面：其一，作为农村居民点的存在，是农耕社会沿袭下来的至今从事农业生产、以农业人口居住为主的人口聚集的地方；其二，强调的是文化价值内涵，即该类型的古村落是历史时期形成的具有典型“文脉”特征且延续至今。“文脉”内涵主要是指从文化载体上能反映先人适应自然的智慧和改造自然的精神，具体体现在以下几个方面：① 历史遗存的丰富性和真实性。传统村落中必须是传统建筑保存相对完整且具有一定的数量和规模，从村落的建筑风格、空间格局、历史风貌及街巷肌理等反映历史的真实性较强。② 村落的选址与空间格局能与中国朴素的传统哲学思想相结合。传统特色较为突出，长期以来，村落在历史演进过程中一直保持着建设初期的选址风格与特征，特别是各类物质人文景观以及传统的生产生活都能体现与当地自然环境相调适，体现人类适应自然、与自然和谐共处的智慧，且传统建筑及空间肌理能体现堪舆学说的理念和儒家伦理的道德规范。③ 非物质文化遗产得以延续，能够活态传承。居住在村落的居民沿袭传统的生产生活方式，能够保持传统的起居形态，以传统形象为依托，以声音、文字、技艺或表演形象等手段，通过口口相传或师承相传为文化链延续下来的对于传统文化表现的各类手段。

总体而言，传统村落是形成较早、具有独特民俗文化和丰富的传统资源，兼有物质与非物质文化遗产的，保留农业生产、传统生活方式的且不可再生的乡村人居环境系统。

1.2.2 研究区域

“徽州”源于北宋时期的行政区划，历史上已存在780余年，多代指历经宋元明清四代，稳定管辖歙县、黟县、婺源、绩溪、祁门、休宁六县而未变更行政管辖范围的徽州地区，共9个区县，跨两省、三市，处东经117°30′0″～118°30′0″，北纬29°0′0″～30°30′0″之间（图1-1），是徽州文化（或称徽文化）孕育和发展的主要空间，是我国目前传统村落保存面积最大、保护最为完整、具有深厚社会历史文化内涵的区域。徽文化是一个极具地域特色的区域文化，被称为后期中国封建社会的典型标本。文化部以徽州地区为基础批准设立了我国第一个跨省区的徽州文化生态保护实验区，总面积为13 881平方公里，总人口200万。2019年，徽州文化生态保护实验区入选国家级文化生态保护区。作为徽文化主流之一的徽学与敦煌学和藏学一起被誉为中国三大地方显学，作为徽文化的重要物化载体，徽州传统村落和徽派建筑为中外建筑界所叹服。

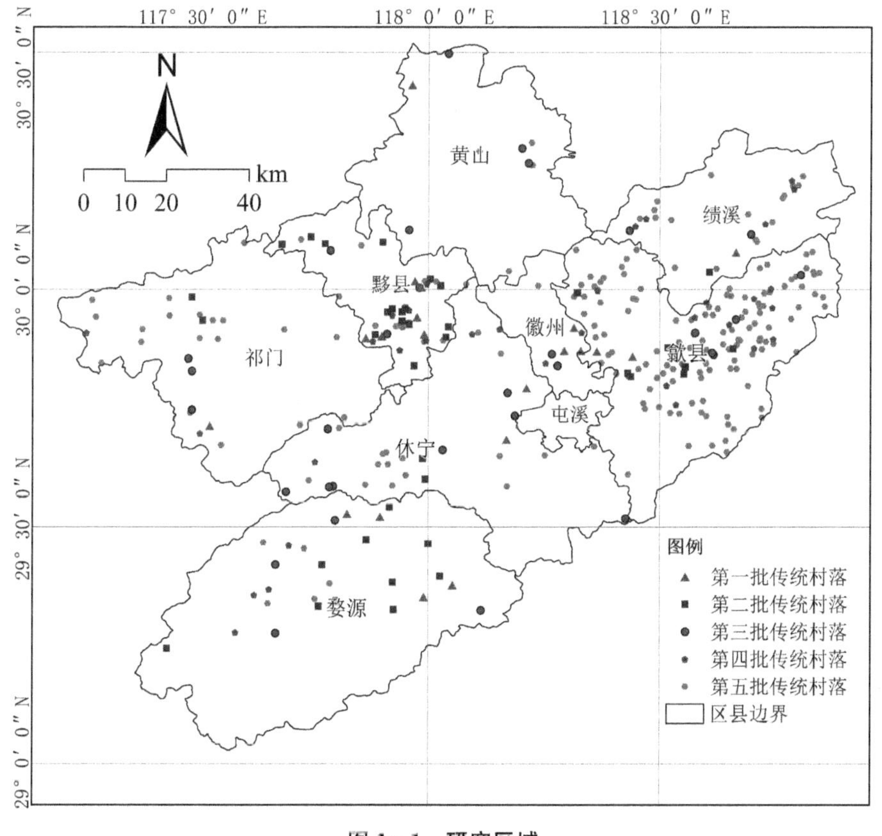

图1-1 研究区域

从20世纪80年代对西递、宏村的保护开始至今，徽州传统村落保护工作已持续30多年。2012年，住房和城乡建设部、文化部、财政部联合公布的全国第一批646个、第二批915个“中国传统村落名录”中，分别有25个、38个位于徽州地区，截止到2019年公布的5批中国传统村落名录中，徽州地区共有325个传统村落入选。徽州传统村落不仅具有“概念的完整性、形式的全面性和特色的丰富性”，而且具有“组团的家族性、布局的整体性、民居的艺术性、建筑的历史性和景观的独特性”。徽州乡村社会具有“历史悠久而传承性强、严格的聚族而居的宗法社会结构、天人合一的居住思想、深厚的宗族观念、开放的思维方式”等特征。徽州传统村落为研究中国历史的社会、经济、文化和地理等提供了大量的实物资料，具有重要的保护利用价值和学术研究价值。

1.2.3 研究方法

本项研究秉承现状梳理、理论更新与实证互动的研究逻辑。从徽州传统村落演进过程中总结徽文化、徽州山水生态与村落空间肌理之间互动耦合的价值内涵及现实意义，在充分掌握现象数据集的基础上，揭示传统村落复杂系统的结构性特征与内在规律。构建“可感知、能学习、善治理、自适应”的方法、模型，探索传统村落空间自适应机理及其规划技术。具体研究过程主要有以下方法辅助：

1）基于Citespace的文献计量

本项研究是持续性的过程，依托近年来参与的多项国家自然科学基金对徽州地区进行的详细调查，获取了丰富的基础数据并建立起较为完备的数据库系统，主要资料涵盖传统村落的保护规划、政策文件，有关村落历史变迁的各种村志、史志、族谱、文物普查资料，村落的人口、社会和经济条件状况等基础性资料，有关聚落选址格局及周边环境要素的文献记载资料及相关地域的土地变更调查数据等相关矢量数据。基于Citespace的文献计量功能，通过引文共被引、关键词再现、作者合作、机构合作等功能，融合聚类分析、多尺度分析、社会网络分析等方法，从多元、分时、动态视角研究传统村落的演化路径及其价值内涵。通过各类问卷、访谈及村志资料，掌握徽州传统村落不同社会主体的特征和空间属性，建立诸如年龄、籍贯、家庭成员、教育、从事行业、收入水平、住房来源、行为与需求特征等社会关系数据库。

2）充分利用GIS丰富的空间信息

基于ArcGIS平台，汇聚各类空间分析模型解构徽州传统村落的复杂性特征。

3）引入CAS理论，建构基于复杂性认知的保护理论与主体适应性学习的NK模型框架

引介“复杂性科学视角下聚落空间研究”这一前沿领域，结合传统村落复杂系统、空间动态衍生、空间组织秩序、微观主体等问题，从复杂适应系统（CAS）理论、分形分维、多主体模型等理论角度阐释传统村落空间结构的多样性、社会文化结构的多重性、经济和生态结构的交互性，构建传统村落复杂适应系统自适应演化的NK景观模型，基于R编写仿真程序，并结合村落演化的主要过程，探究复杂适应系统自适应演化的不同阶段所表现出的特征与规律。

4）基于InVEST工具，建构区域层级生态网络

基于复杂理论认知，区域山水生态格局是具有层级性的复杂空间生态网络特征与属性。将复杂网络分析方法用于探究区域生态网络结构的空间拓扑关系，包括：网络节点度分析、节点与整个网络聚类系数分析、网络关联性分析、节点介数分析、网络连通性分析。选取适合空间层级生态网络的鲁棒性评价指标，采用InVEST工具构建研究区域生态网络格局。

5）基于City Engine平台，对传统村落空间结构与肌理进行参数化解析与重构

将具有复杂结构特征的空间肌理基于City Engine平台，运用形状文法语言解析空间肌理特征和参数化转译（即将空间形态特征转化为计算机可读的参数和规则），并进行解读。首先，将这些特征细化为子图形集合；其次，通过变量、常数、坐标系等将各子图形集合内的图形碎片转译成可被计算机识别的参数和规则，并用函数、方程式等将这些碎片化的图形和相关参数、变量关联在一起，使得这些参数与变量之间具有一定的约束关系，这一“关联图形”的过程具有基元性、自定义性、黑箱性、递归性、生物性等特征；最后，基于参数化技术，用计算机反演出与原始肌理相似的空间肌理的过程。重构过程包括关联图形的组织和三维建模两个部分。其中，关联图形的组织即将各碎片化的图形通过尺寸约束、几何约束（拓扑、层次、逻辑、继承）等方式组织在一个整体联动的关系模型中，进而利用上述参数化建模软件平台，在关联图形的关系模型和相关参数值的基础上，利用参数驱动机制和关系驱动机制实现三维可视化模型的构建。

1.2.4 研究目标

（1）揭示徽州传统村落地域文脉特征及其传承智慧与价值内涵。

(2) 建构基于复杂认知的演进过程与机制的方法模型。

(3) 推动传统村落保护利用机制创新,实现当代振兴。

1.2.5 研究内容设计

本书试图对徽州传统村落及其所蕴含的地域文脉进行系统剖析,探寻其发展的逻辑,试图揭示可以被认知和借鉴的规律,并探索传统村落的价值及其在当代的适应性保护利用方法(图 1-2、图 1-3)。

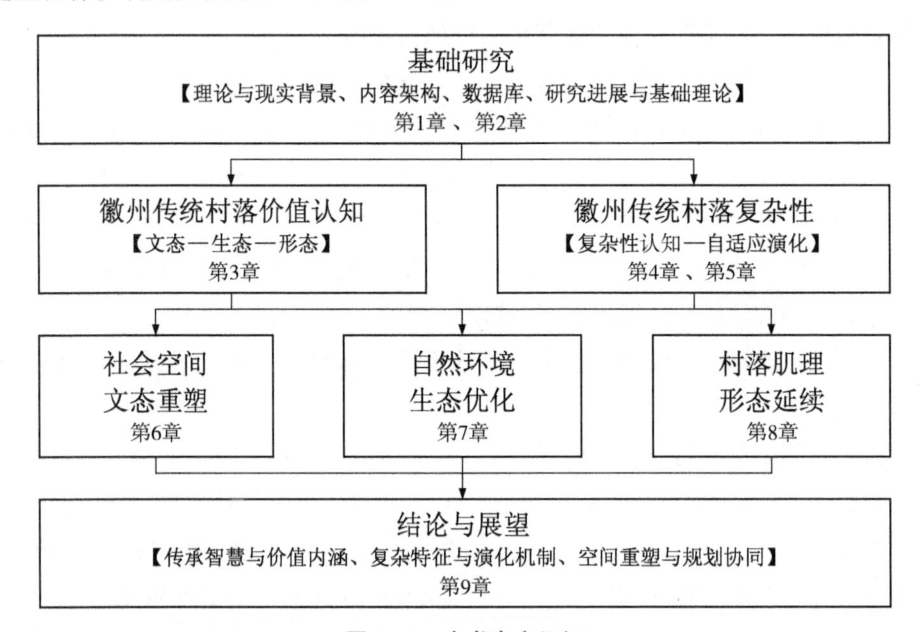

图 1-2 本书内容组织

具体内容包括以下几方面:

1) 基于“文态—生态—形态”的徽州传统村落价值内涵

徽文化的核心内涵及其表现形态:通过长期跟踪研究发现,徽州地域大量传统村落都遵循着“新安理学、宗族法理”构筑的“共同体”社会结构,因而主导徽州传统村落形成过程的不是现代建筑思想中所倡导的“功能”,而是“人”,是一种“非正式制度”“自然式”有机演进,村落建设是“人”主导的朴素生活哲学。试图解释该地区历经千年不衰的根本动因,揭示这种“家国同构”治理体系下所表现出来的“和谐、善治、功效”徽文化价值内涵及其表现形态。

徽州山水生态营造的智慧图解:传统乡村的营造利用独特的地理环境和资源条件,既通过人的实践力量来引导、调节自然的变化,又遵循、适应自然运行规律的

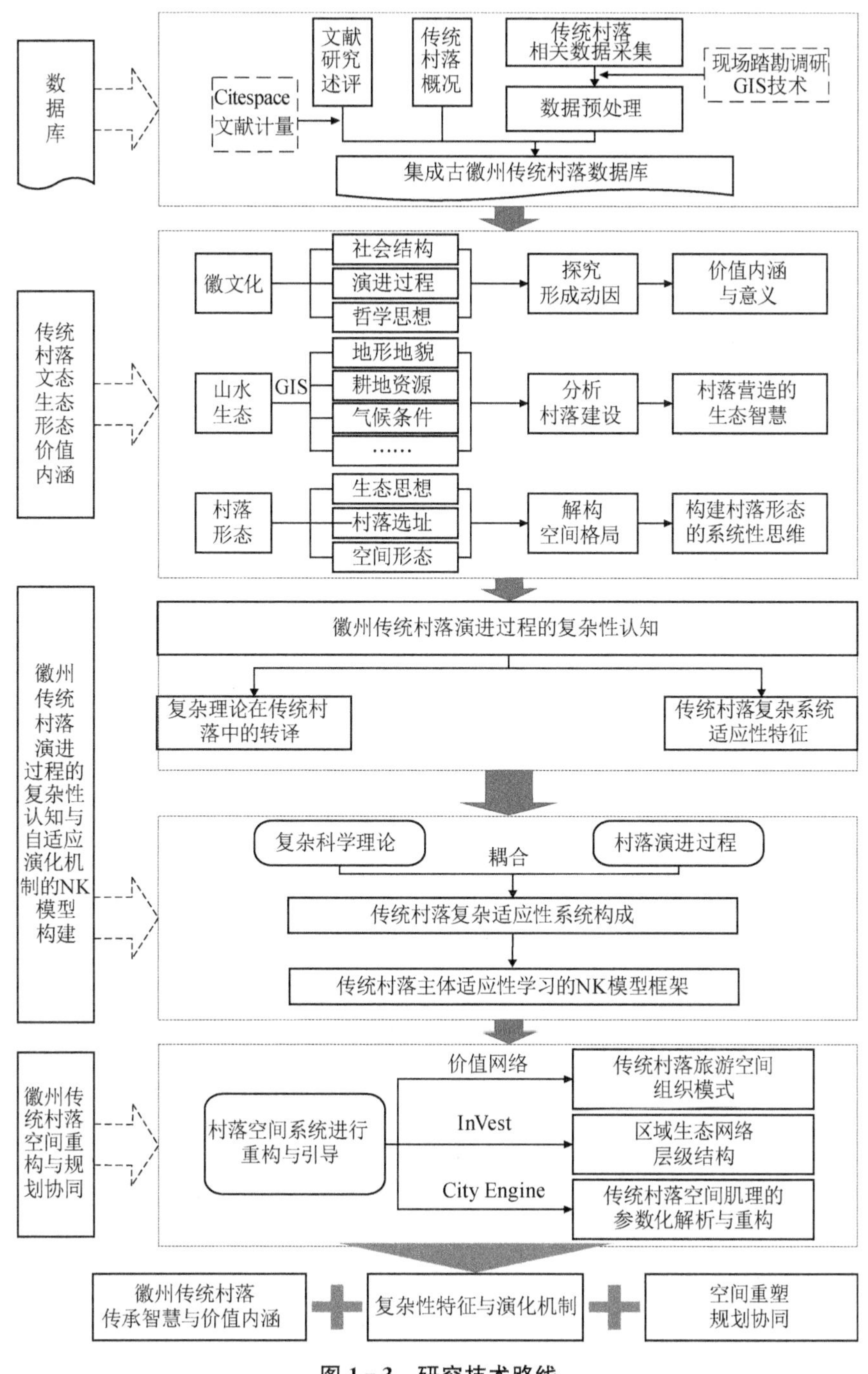
数据库
文献研究述评
传统村落概况
传统村落相关数据采集
现场踏勘调研 GIS技术
Citespace 文献计量
数据预处理
集成古徽州传统村落数据库
传统村落文态生态形态价值内涵
徽文化
社会结构
演进过程
哲学思想
探究形成动因
价值内涵与意义
山水生态
GIS
地形地貌
耕地资源
气候条件
……
分析村落建设
村落营造的生态智慧
村落形态
生态思想
村落选址
空间形态
解构空间格局
构建村落形态的系统性思维
徽州传统村落演进过程的复杂性认知与自适应演化机制的NK模型构建
徽州传统村落演进过程的复杂性认知
复杂理论在传统村落中的转译
传统村落复杂系统适应性特征
复杂科学理论
耦合
村落演进过程
传统村落复杂适应性系统构成
传统村落主体适应性学习的NK模型框架
徽州传统村落空间重构与规划协同
村落空间系统进行重构与引导
价值网络
InVest
City Engine
传统村落旅游空间组织模式
区域生态网络层级结构
传统村落空间肌理的参数化解析与重构
徽州传统村落传承智慧与价值内涵
复杂性特征与演化机制
空间重塑规划协同

图 1-3　研究技术路线

“裁成”“辅相”原则，体现“裁成天地之道，辅相天地之宜”的生态智慧。分析传统村落通过观山察水利用相地理论进行村落选址，形成人居空间与山水互动的整体性格局的科学内涵，提炼农耕时代遵从万物有灵、顺应并且利用自然环境，因地制宜进行营建的生态理念与可持续规划技术。

徽州传统村落空间形态的系统性思维：传统村落空间形态的组织过程即是人与自然环境不断发生交互关联的过程，徽州传统村落从选址到空间组织都遵循这一种系统性的思维，与自然环境和社会文化相调适。通过传统村落空间形态的解析，揭示徽州传统村落的空间格局分布特征、空间组织规律，并对影响传统村落空间演化的复杂要素进行揭示。

2）徽州传统村落演进过程的复杂性认知

基于上述传统村落特征内涵与价值认知，充分理解徽州传统村落历经千年不断进行演化的复杂过程，通过对自然空间与社会空间的耦合过程、绝对空间到符号空间的延伸转化、生产空间到消费空间的价值升华，揭示传统村落演进过程中各类空间建构、解构再到重构过程中所涌现出来的复杂内涵。

3）基于复杂性认知的传统村落自适应演化 NK 模型构建

鉴于复杂科学的系统观与中国传统哲学的宇宙观皆为整体论，而其规划逻辑因势利导的规划理念与徽州传统村落巡天察地的天人合一理念相似。因此，引入复杂科学理论，在讨论复杂性与传统村落演进过程关联特征的基础上，建构基于复杂适应系统理论的传统村落自适应演化 NK 模型，探讨传统村落自适应演化的主要过程，尝试总结其自适应演化的主要特性和核心机制。

4）徽州传统村落空间重构与振兴举措

徽文化是徽州传统村落发展的灵魂，适应性是复杂系统演化的根源。传统村落历经千年通过不断适应外部变化，吐故纳新增强自身竞争力，并在竞争环境中实现自适应演化。如何在传统乡土社会空间秩序被打破的情境下，满足生产生活的内容和复杂化的需求，传承其历史演进过程中所形成的传统价值和记忆空间秩序。对于其空间调控必须充分考虑适应性主体之间以及主体与环境之间的复杂关系，立足于传统村落的演进过程及其历史传承，进一步从“社会空间文态重塑”“自然生态格局优化”“村落机理形态延续”三个方面，对村落空间系统进行重构与引导。

1.3 研究意义

1.3.1 理论意义

未经认知的事物可能复杂，已经认知的事物也并非简单。复杂性理论认为，世界的本质是简单的，但更加是复杂的。传统村落是时间与空间、物质实体与精神虚体以及社会经济与地理生态的耦合体，是一个典型的复杂性系统，其复杂性主要表现为：子系统多且相互嵌套、相互关联、相互影响；发展过程与演变路径复杂，并随着时间演化，在空间上表现出异同；系统内部存在自组织的动态演化和自适应机制，且这些系统与其外界的环境之间存在一种动态的关联和演化的自适应性，同时这种动态关系在各个子系统之间也普遍存在。总体而言，传统村落的复杂性普遍存在且不可避免，准确把握传统村落的复杂性能够为传统村落的保护和发展提供重要决策支撑。然而当下，基于复杂性理论的视角，对于传统村落的深入研究仍然较少，因此本书立足于复杂性理论，通过定量化模型引入传统村落复杂性演化过程机理的解释，具有重要的理论意义。

1.3.2 实践意义

传统村落具有十分复杂的空间结构，从宏观的山水格局、村落形态，到中观的街巷、河流、建筑，最后到微观的装饰、风俗以及构件等，都体现出其内外部的复杂性。人类的发展是在探索与认知的过程中进行的，探索与认知的过程也是对当前的整体把握以及未来未知事物的预估准备，对于复杂的事物的准确把握能够确定事物的发展方向。在面临时代冲击的浪潮时，传统村落这一复杂系统，需要更加全面地把握其内在机制，探讨其空间层次系统，对于传统村落的保护与发展制定空间重构方案以及规划协同都具有十分重要的实践意义。在国家推进新型国土空间治理和弘扬优秀传统文化背景下，传统村落振兴是一个长期、缓慢的过程，每个发展阶段都需要有针对性的政策、资金、人才等多复杂主体综合驱动。城乡规划学科迫切需要进一步拓展传统村落研究视角，从技术层面耦合社会治理视角出发，探讨集理论支撑、要素特征、驱动机制与调控策略于一体的传统村落研究逻辑与框架、保护利用的新思路与新方法。

徽州传统村落是中国传统村落名录中十分重要的成员，也是传统文化别具一格不可替代的一部分。除了政府提名认可并入选传统村落名录的村落，在徽州大地还遍布着许许多多未被纳入名录，但是保存较为完整、历史脉络清晰、意义深远、影响重大的村落，它们也正面临着时代冲击土崩瓦解的危险，亟待更多的人去发现、保护和利用，让它们重获生机。基于此，以传统村落为基准点和试验场，通过对它们的研究和重构，使其焕发新生，并逐渐扩散到更多其他的普通村落，进而让乡村逐渐成为美丽中国的重要名片。

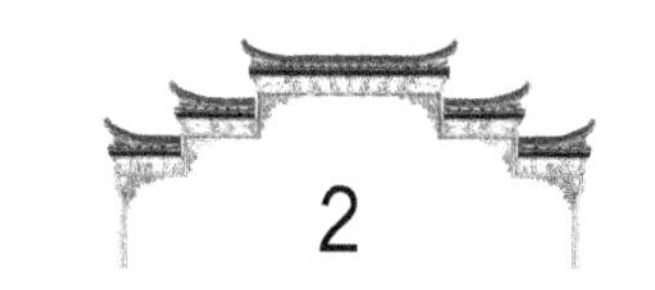

2 研究进展与理论基础

2.1 传统村落研究脉络

自 2005 年开始资助的第一个传统村落类国家自然科学基金项目《南方传统聚落景观的区域化比较与创新研究》以来，传统村落的研究达到前所未有的繁盛。一方面说明传统村落具有重要的学术研究价值，另一方面说明传统村落受到国家大政方针的大力支持和影响，是党和国家高度关注的领域，是当前中国社会发展与社会治理的主流方向。

基于概念上认知的差异，国外传统村落研究聚焦“building”“conservation”和“dynamics”等关键词。概括起来：其一，偏向建筑技术和建筑材料的革新，如利用 Energy Plus 模拟传统民居的热环境效益，并进行仿真研究与监测为传统建筑的保护提供一定技术方法；或者基于生态思想，采用不同新型热传导的建筑材料，评估其节能和高效，为传统建筑保护利用提供新支撑。其二，研究为推进传统村落发展的动力因素。通过日本 OVOP 运动（一村一品）的成功性，围绕“人的精神振兴和创新”，以产业兴旺为突破口，最终实现传统村落中自然、人、社会、城乡等要素的同步和谐可持续发展。其三，从注重物质空间的重构、传统建筑的修复、村落环境的恢复等工程技术领域向更多关注社会文化和社会空间重塑的转向。研究注重传统村落文化旅游等方面对村落空间的影响，随着城市化及现代科技的作用逐渐显现，传统村落保护的理念也逐渐强调文化价值、景观价值、生态环境价值的综合保护，从对居民有意义的场地、建筑、结构等，扩展到对邻里有贡献的，对社会有意义的、与文化特征有关联的事件和环境。

2.1.1 传统村落研究的过程与特征

自 1990 年代初至 21 世纪初的十年间，研究重点在探讨传统村落历史演变过程中所形成的价值特色，形成了传统村落固有的价值体系，多从传统村落地理环境和形态特征、物态环境特色入手，总结其建筑及环境具有极高的历史、艺术、经济和科学价值等。

此后十年，“旅游开发”“古村落旅游”“乡村旅游”“可持续发展”“徽州古村落、宏村”成为这一阶段研究的高频关键词。主要有两方面的表征：一方面，传统村落旅游悄然兴起，旅游开发成为支撑传统村落发展的有效途径，但开发与可持续发展矛盾开始引起学界关注；另一方面，从地域空间上看，徽州传统村落，西递宏村等世界遗产受关注程度较高，相关研究成果较为丰富。传统村落经过历史积淀，以其典型的地域特色和文化底蕴，成为独特的旅游景观资源。这一时期的研究多从旅游动机的推力—引力因素出发，以个案研究为切入点，分析旅游者旅游行为潜在特征，结合传统村落的价值特征，将其划分为遗产型、特色型、保护型等不同类别的村落类型，在探讨旅游开发的模式的同时提出传统村落可持续发展的机制和优化路径。

2012年以来，“古村落保护”“城镇化”“传统村落”成为突现词汇，其过程特征主要体现在：其一，传统村落空间格局、形态的研究。传统村落的空间肌理是自然环境与人文活动交织影响下的结果，研究认为其空间布局特征是在多种驱动力综合作用下应运而生。如从中国传统哲学思想中挖掘智慧，认为宗族观念、风水堪舆、儒家思想等人文思想对传统村落的空间生成与布局产生重大影响；从人与自然、人地关系视角，认为传统村落的选址、空间结构、空间差异等的形成是不同区域自然资源、地形地貌、气候条件等自然要素决定的，是人类对自然环境改造与自适应的过程。其二，作为城乡规划学科、地理学、社会学等多学科关注的焦点，我国传统村落保护的研究主要从保护与发展的关系视角、保护的内容与方法研究两个方面展开。多数认为完整的传统村落保护体系应当包括：保护理论意识体系、资源调查与动态监管体系、技术支撑和服务体系、法规体系等。其三，关于传统村落城镇化的思量，诸多研究认为，随着城镇化进程的加快，资源在向城市集中的同时，也给传统村落带来“复兴”契机，主张以“主动式”城镇化模式，深挖、激活内部资源潜质，充分争取外部资源，通过“延续—挖掘—创新”等方式，协调好不同利益主体之间的关系，融入当前“五位一体”的新型城镇化发展过程之中，实现传统村落功能更新与活化。

2.1.2 传统村落研究的热点与趋势

1）研究主题的更迭

从国家新农村建设开始，传统村落的研究主题历经围绕乡村旅游开发、新农村建设等以“发展”为主旋律的研究热点。继而借鉴西方新城市主义的“社区参与”理念，应用到中国传统村落的研究，开始关注公众参与，成为传统村落研究的新趋势。2010年以来，随着经济社会的多元化发展，传统村落研究主题越来越广泛，概括起来主要分为两个层面：一是物质空间层面，研究传统村落的空间形态、空间分布、景观构成、物质文化遗产；二是非物质空间层面，探讨传统村落文化遗产、村落文化、文化景观、宗族景观等。“生态文明”“乡村振兴”是近年来主流宏观背景，传统村落“空心化”是现状特征，“人居环境”是传统村落研究的热点，“空间转型”是传统村落发展的路径与抉择，“游客满意度”“乡村性”等社会空间的关注和深入是今后一段时期传统村落研究的趋势。

2）研究内容的深化

空间分布、空间结构与空间肌理是传统村落物质空间研究的重要内容。研究传统村落空间布局，从宏观视角解构了中国传统村落空间分布特征及其规律；基于中观层面研究了地域文化单元或省域传统村落的空间演化过程；从微观尺度探讨个案空间组织韵律。社会空间研究作为当下热点和未来趋势，社会文化变迁、社会结构演变、价值观念更新等反映社会变迁过程的，是当下研究的重要内容。诸如通过对传统村落自然智慧与社会语义的解读，从家庭结构、治理体系的转变、现代价值追求等多重力量的耦合研究，认为社会空间的重构需要重新审视物质空间功能与内涵，培育再生的内在机制。基于功能属性视角，将非物质文化所承载的空间功能属性分为仪式空间、教育空间、表演空间、生活空间等六类，提出了基于社区营造延续文化内涵，梳理承载空间组成，建构整体性保护、原真性保护路径。

3）研究方法的拓展

传统村落的研究方法得益于多学科融合，经历了从定性描述到GIS空间分析技术的应用，再到计算机仿真、人工智能技术应用构建的多学科交叉集成模型。如核密度统计、最邻近点指数、ESDA等对于传统村落空间分布特征与格局的研究，空间句法对于村落空间肌理的解构，问卷调查与质性调查相结合，构建指标评价传统村落的功能与价值，空间生产等空间社会学理论分析非物质空间的演变过程等。研究居民行为和游客感知的信息采集，机器学习、人工智能等大数据应用将参数化技术引入传统村落规划中正成为方法革新的新趋势。

总体来看，既有研究对于传统村落的研究成果丰富，方法较为成熟。研究聚焦最终回归传统村落保护与利用、传承与发展，因而传统村落的保护始终是核心命题。在保护内容方面，以往偏重于物质文化遗产的保护，逐步将重心转移到非物质文化遗产的保护，居民参与、社区自治、功能活化、金融嵌入等多主体的参与均成为传统村落保护发展的重要途径。

与此同时，传统村落理论框架还需进一步完善，研究内容与尺度有待拓宽。从既有的研究成果来看，传统村落的理论建构多源于地理学的探索，城乡规划学与建筑学大多致力于传统村落建筑保护与空间重构的实践，且个案研究较多，理论升华不足，需要建构一套相对完整的理论研究框架。研究内容上，开展物质空间形态与非物质文化遗产的交互研究，对传统村落发展过程中的主体系统予以剖析，基于复杂适应系统，探讨传统村落发展演变过程中的动力系统、空间响应机制及调控路径。在研究尺度上应进一步拓宽，从传统的地域性特征显著的个案研究拓展到基于共同历史文化资源本底的区域多个案例的比较研究。从内容、尺度、方法上揭示传统村落的客观发展规律，建构集理论支撑、要素特征、驱动机制与调控策略于一体的传统村落研究逻辑与框架。

2.2 传统村落空间研究

2.2.1 空间研究

回顾人类社会的发展，空间是社会发展与存在的基础，人类的生产生活、意识表现均需要依托空间实现，不同的空间体现了不同的物质与物质之间的相互作用。“空间”(space)一词起源于古拉丁文，意指两个事物之间的距离或者间隔。《当代汉语词典》解释为“物质存在的一种客观形式，由长度、宽度、高度表现出来”[①]；《大英百科全书》则提出“空间，指无限的三度范围。在空间内，物体存在，事件发生，且具有相对的位置和方向[②]”。从物质空间角度，部分学者认为空间是绝对的（牛顿），即使在不存在任何实际物质的情况下，空间也是存在的，其存在不受实体物质的影响。而另外一派的学者则持有完全相反的观点（莱布尼茨），认为空间实际上

① 莫衡等.当代汉语词典[M].上海：上海辞书出版社，2001.

② 大英百科全书(第17卷)[M].台北：台湾中华书局，1989.

是一种关系，不同的事物之间存在一定的数学意义上的联系，这种共有的联系就是空间，空间无法脱离事物而单独存在。对精神空间的探讨大多是哲学意义上的，康德认为空间是为了协调人类在日常生活中所产生的外在感觉而形成的一种具有主观性与理想性的东西，空间的来源是基于一种固定规则而形成的想象。

作为研究地理综合体空间分布规律、时间演变过程和区域特征的一门学科，人文地理学认为空间是一种具有清晰、自然、真实经验的实体，是事物间的一种相互关系，受到时间与过程的双重制约①。人文地理意义上的空间大多数不局限于具体的物质形态和数学几何，更多的是从经济、社会、自然和生物学的意义上寻求对于空间的解释，是一种看不见摸不着的关系②。美国的著名地理学家哈特向(Hartshorne，1939/1958)将空间比作时间，认为空间是类似于时间的一种参照系，其本身并不是一种现象，而是一种容器，对于空间的分析与研究只有落实到在空间上产生的相关的现象时，才是有意义的③。因此，正如格雷戈里等人所说的那样，"对于空间的分析，仅强调其外观的几何形态已经不具备非常重大的意义了，对于根植于空间的地方、区域和景观中的社会关系与社会变化，例如阶级、种族性别关系等才更具有研究价值。"仅仅从物质实体的角度做出的阐述缺乏对空间社会意义的关注，使得物质空间与精神空间缺乏连接。

空间的适应演进即为在复杂环境的影响下发生的演变进化，不仅表现在物质空间的形态改变，更是一种复杂的人类社会、经济、文化等要素交织叠加的变革，是在特定的建设环境条件下，人类各种活动和自然因素相互作用的综合反映，是技术能力与功能要求在空间上的具体表现④。

在空间研究对象为城市或区域时，空间发展受到地租理论、点轴理论以及中心—边缘理论等空间自身发展规律的影响较强，但是以单个乡村作为研究对象时，空间自身的发展规律远远不及社会发展过程所带来的作用强烈⑤。可见，仅仅停留在空间物质要素形式上的探讨无法认识空间发展的真实规律。聚落形态的演化既离不开空间过程的历史基础，也受到社会因素变革的影响，两者因素交织成一个

① 叶超.人文地理学空间思想的几次重大转折[J].人文地理，2012，27(5)：1-5.

② 石崧，宁越敏.人文地理学"空间"内涵的演进[J].地理科学，2005(3)：3340-3345.

③ Hartshorne R. The concept of geography as a science of space, from Kant and Humboldt to Hettner [J]. Annals of the Association of American Geographers, 1958, 48(2): 97-108.

④ 李立.乡村聚落：形态、类型与演变——以江南地区为例[M].南京：东南大学出版社，2007.

⑤ 马远航.制度变迁视角下岜扒村空间演进研究(1949-2015)[D].西安：西安建筑科技大学，2016.

完整的演化过程①。因此,本研究所指的空间演进,是物质空间演变过程与社会经济发展过程共同作用的演进规律。

空间相互作用是地理学研究的重点内容,也是区域联系的根本机制②。城市之间存在着各种能量和资源的流动和交换活动,在时空演变中扮演着各种信息流以及社会资源的转换称之为空间相互作用。国外对空间相互作用的研究成果较为丰富,以城市间各种物质流为媒介,通过探讨区域联系特征、空间结构经济关系等内容从而提出优化路径,对空间相互作用理论和内涵进行了补充和发展。以 Taylor 为首的 GaWC 研究小组早期以企业关联数据为研究对象构建城市关系矩阵,从而研究城市间的联系强度③。国内对其研究相对较晚,大多学者针对空间相互作用原理及相关模型应用进行叙述,主要包括引力模型、潜力模型和相关改进模型以及空间相互作用和空间扩散理论等。如梅志雄等采用引力模型和潜力模型相结合的方法分析城市间相互作用④,周一星研究城市体系的空间网络结构;顾朝林采用重力模型对城市体系中的城市间联系强度进行研究⑤,或在城镇体系网络的研究中,将“力场”的概念运用到城镇空间网络中,定量化分析城镇空间之间的相互关系⑥;刘涛等以城市联系的城市功能网络分析为研究视角分析城市群功能网络的演化历程⑦。也有学者在引力模型的基础上结合其他城市流模型对中国城市经济相互作用的网络空间特征进行分析总结⑧,王铮等对空间相互作用模型进行优化改进并衍生为口粒子模型将其实证运用到旅游空间中⑨。空间相互作用理论为测度城市和区域经济发展提供了重要的理论基础,成为区域经济联系的理论依据。

20 世纪 70 年代,伴随着人本主义和现代主义的推动,西方地理学界出现了人

---

① 范少言. 乡村聚落空间结构的演变机制[J]. 西北大学学报(自然科学版),1994,24(4):295-298.

② 柳坤,申玉铭. 国内外区域空间相互作用研究进展[J]. 世界地理研究,2014,23(1):73-83

③ Derudder B,Taylor P,Ni P,et al. Pathways of change: Shifting connectivities in the world city network[J]. Urban Studies,2010,47(9):1861-1877.

④ 梅志雄,徐颂军,欧阳军,等. 近 20 年珠三角城市群城市空间相互作用时空演变[J]. 地理科学,2012,32(6):694-701.

⑤ 顾朝林,庞海峰. 基于重力模型的中国城市体系空间联系与层域划分[J]. 地理研究,2008(1):1-12.

⑥ 马荣华,顾朝林,蒲英霞,等. 苏南沿江城镇扩展的空间模式及其测度[J]. 地理学报,2007(10):1011-1022.

⑦ 刘涛,仝德,李贵才. 基于城市功能网络视角的城市联系研究:以珠江三角洲为例[J]. 地理科学,2015,35(3):306-313.

⑧ 冷炳荣,杨永春,李英杰,等. 中国城市经济网络结构空间特征及其复杂性分析[J]. 地理学报,2011,66(2):199-211.

⑨ 李山,王铮,钟章奇. 旅游空间相互作用的引力模型及其应用[J]. 地理学报,2012,67(4):526-544.

文化和社会化的趋势，即人文地理学与其他社会学科的结合，研究的焦点不再拘泥于传统的区域和空间的话题，社会空间也因此成为学界关注的焦点之一。不同的学者基于不同的研究背景，对社会空间含义的侧重点也不同，主要分为三大视角：社会学、哲学与地理学。社会学视角的代表人物布迪厄(Pierre Bourdieu)认为，社会是由人构成的，每个人所处的位置和场所构成了社会空间，这种空间具有若干权力关系，人们通过在社会空间中的位置确定其阶级，同一阶级的行动者形成类似的实践系统，并将社会空间进行分类①。社会学派对社会空间的定义是基于"人"的基础上所界定的，更注重人的社会属性。哲学学派是以列斐伏尔(Henri Lefebvre)为代表的，并形成著名的"社会空间是社会的产物"这一命题。地理学派则是在城市社会空间模型的基础上对社会空间进行阐释，认为社会空间是在物质实体的基础上叠加了经济、家庭和民族状况这三种社会类型的空间。综合来看，社会空间是由人类社会关系建构的生存区域，是社会实践的产物，具有社会历史性的特征，即由空间的实践、空间的表征和表征的空间三元构成。

社会关系是社会空间理论要把握的核心概念之一，社会关系作为社会行为的结构条件之一是对行动者的结构构成的回应，行动者及其社会行动都是在一个或多个层次的非对称社会关系中的，关系在本质上是权力关系与利益关系。社会关系是指围绕空间改造产生的生产关系，是不同行动者之间在参与到社会空间生产实践的动机以及目标而有目的地形成的社会关系，并具象化地表现为空间所有权关系、空间生产的组织分工关系和空间的利益分配关系，如宗亲关系、家庭关系、邻里关系。空间实践主体通过有目的的空间实践与空间内的其他实践主体形成社会关系，这些关系随着社会利益的变迁而动态变化，与此同时，生产关系作为结构条件也在不断推动和制约着行动者的空间实践行为。

2.2.2 传统村落空间认知

传统村落作为具有一定实体的空间，想要对其空间进行描述研究，首先需要对其定义进行解读。根据住房和城乡建设部、文化部、国家文物局和财政部四部局共同发布的《关于开展传统村落调查的通知》指出，传统村落是指"村落形成时间早，拥有的传统资源丰富，具有经济艺术价值与社会科学价值，需要得到保护的村

① Bourdieu P. Distinction: A Social Critique of the Judgement of Taste [M]. London: Routledge, 1984.

落”[①]。传统村落由物质与非物质要素交错组成，其要素间的交叉性与复杂性使得对传统村落的整体空间界定与内部要素认知具有一定的困难。

1）地理学视角

地理学作为一门与空间有关的学科，空间一直是其研究基础[②]。村落在地理学的概念上就是人类长期居住的一个具有固定边界的区域，是从事农业生产活动的人群所组成的空间。费孝通认为村落就是农民生活的基本单元空间[③]。传统村落区别于一般村落就在于其丰富的历史文化价值。不同阶段的地理学对传统村落的空间认识具有一定的差异性，这在其对传统村落的研究内容中有所体现。传统地理学对传统村落空间的研究往往只关注了其实体空间部分，而随着学科的发展，现阶段地理学对传统村落空间的关注更倾向于其社会空间与虚拟空间。从地理学对传统村落的研究历程来看，传统地理学对于传统村落空间的研究主要集中于空间结构[④⑤⑥]和空间组织[⑦⑧]这两个方面，但是对传统村落的空间本质的思考很少。随着社会地理学的兴起与网络空间研究的兴起，人文地理学视角的传统村落空间的研究日益增加。该角度更加重视传统村落空间中的社会空间[⑨⑩]与感知空间[⑪⑫]。

2）社会学视角

在社会学上，村落是乡村社会体系中的空间载体和基础，其社会学意义非常重大。在社会学的视角下，学者们关注的更多的是传统村落空间与村民之间、村民与村民之间的关系。传统村落的社会性实际上就表现在“村落”与“村民”两个主体之

---

① 屠李，赵鹏军，张超荣. 试论传统村落保护的理论基础[J]. 城市发展研究，2016，23(10)：118－124.
② 罗伯特·戴维萨克. 社会思想中的空间观：一种地理学的视角[M]. 北京：北京师范大学出版社，2010.
③ 孙九霞. 传统村落：理论内涵与发展路径[J]. 旅游学刊，2017，32(1)：1－3.
④ 董艳平，刘树鹏. 基于GIS的山西省传统村落空间分布特征研究[J]. 太原理工大学学报，2018，49(5)：771－776.
⑤ 黄雪，冯玉良，李丁，等. 西北地区传统村落空间分布特征分析[J]. 西北师范大学学报(自然科学版)，2018，54(6)：117－123.
⑥ 金丽纯，焦胜. 基于图论的传统村落公共空间结构及形成机制研究[J]. 规划师，2019，35(2)：52－57.
⑦ 洪亘伟，刘志强. “拆解”与“重组”：基于村落聚居空间自组织机理的撤迁并居研究[J]. 国际城市规划，2016，31(5)：102－107.
⑧ 宋玢，赵卿，王莉莉. 城市边缘区传统村落空间的整体性保护方法：以富平县莲湖村为例[J]. 城市发展研究，2015，22(6)：118－124.
⑨ 王浩锋. 社会功能和空间的动态关系与徽州传统村落的形态演变[J]. 建筑师，2008(2)：23－30.
⑩ 马东. 社会空间视角下的荣成市传统村落空间重构研究[D]. 济南：山东建筑大学，2018
⑪ 邓爽. 基于空间美学的关中传统村落外部空间分析研究[D]. 西安：长安大学，2014
⑫ 李伯华，杨家蕊，刘沛林，等. 传统村落景观价值居民感知与评价研究：以张谷英村为例[J]. 华中师范大学学报(自然科学版)，2018，52(2)：248－255.

间内在与外在关系上[①]。在传统村落的建设与发展中，作为维系整个传统村落社会的纽带，宗族的血缘和地缘关系在其中发挥了重要的作用，在其基础上形成的独特的地域文化与道德规范则是对村民行为进行评判的准绳。传统村落的形态结构会因宗族组织、村落社群和村内土地归属权等乡村社会经济的变化而产生变化[②]。"聚族而居、血脉传承、融于自然、自主衍生"是传统村落空间的形态与结构产生的最为明显的特点[③]。

3）城乡规划学视角

城乡规划学视角所关注的传统村落空间一般是从行政管理角度出发。从城乡总体来看，乡村是除了城市化以外的地区，而传统村落则是广大乡村地域范围中最具有突出代表性的文化内核和特色的地区。《传统村落保护发展规划编制基本要求》中明确了，对传统村落价值的评估主要从其外部自然环境空间、风貌格局、历史环境、建筑及非物质文化遗产几个方面进行。

2.2.3 传统村落空间研究方向

乡村作为乡土中国的重要组成部分，其空间研究意义重大。如田达睿等在城镇空间的研究中引入复杂适应系统理论，在城乡规划的基础上为城镇空间问题的解决提供了新思路[④]。对于乡村空间主要从两种视角分类进行研究：一是自然生态、人工物质和精神文化；二是物质空间与非物质空间，研究内容主要聚焦在乡村旅游、居民点空间以及乡村社会空间、三生空间上。乡村旅游作为农村空间商品化的表现形式之一，有学者基于行动者网络理论出发分析行动者与乡村空间之间的关系[⑤]以及通过绿道网络构建乡村旅游网络空间，实现乡村旅游的转型升级[⑥]等研究；针对乡村居民点采用网络化研究[⑦]或是利用引力模型对居民点空间进行重构

---

① 文军，吴越菲. 流失"村民"的村落：传统村落的转型及其乡村性反思：基于15个典型村落的经验研究[J]. 社会学研究，2017，32(4)：22-45.

② 何峰. 湘南汉族传统村落空间形态演变机制与适应性研究[D]. 长沙：湖南大学，2012.

③ 胡燕，陈晟，曹玮，等. 传统村落的概念和文化内涵[J]. 城市发展研究，2014，21(1)：10-13.

④ 田达睿. 复杂性科学在城镇空间研究中的应用综述与展望[J]. 城市发展研究，2019，26(4)：25-30.

⑤ 王鹏飞，王瑞璠. 行动者网络理论与农村空间商品化：以北京市麻峪房村乡村旅游为例[J]. 地理学报，2017，72(8)：1408-1418.

⑥ 郭屹岩，刘利，张春鹏. 基于绿道网络构建乡村生态体验旅游空间：以宽甸满族自治县为例[J]. 农业现代化研究，2018，39(3)：486-493.

⑦ 宿瑞，王成. 基于网络中心点辐射导向的农村居民点体系重组与优化：以重庆市江津区燕坝村为例[J]. 资源科学，2018，40(5)：958-966.

并提出优化策略[①]；王凤等基于社会网络理论对乡村社会空间进行分析[②]、曾鹏等通过三生空间网络组织村镇空间系统，实现区域网络思维的乡村协调发展[③]，从而实现乡村社区空间结构识别及空间组织优化；基于行动者网络理论对乡村产业空间提出优化策略[④]；基于乡村生活空间网络，运用改进引力模型与社会网络分析法描述网络结构总体与节点特征[⑤]。

传统村落空间作为乡村的一种特殊形式所存在的传统村落，其研究主题越来越宽泛，内容逐步深化，研究进入繁荣阶段，主要是对物质空间和非物质空间的研究。在物质空间上主要研究其空间形态及分布特征、景观及文化遗产保护等内容；在非物质层面探讨村落文化、文化景观、宗族等内容。传统村落的空间研究在数字化保护[⑥⑦]、景观基因挖掘[⑧⑨]以及人居环境转型发展[⑩⑪]等领域取得较大进展，也有从旅游视角探索传统村落社会空间内部各利益主体的复杂系统特征[⑫]。有学者将行动者网络理论运用于传统村落空间研究，以探讨空间重构过程及机制[⑬]。

"空间转型"是传统村落活化利用的路径选择，社会空间的研究是当前的热点

---

① 杜相佐，王成，蒋文虹，等. 基于引力模型的村域农村居民点空间重构研究：以整村推进示范村重庆市合川区大柱村为例[J]. 经济地理，2015，35(12)：154－160.

② 王凤，刘艳芳，孔雪松，等. 基于社会网络理论的农村社会空间联系分析：以武汉市黄陂区李集镇为例[J]. 经济地理，2016，36(4)：141－148.

③ 曾鹏，朱柳慧，蔡良娃. 基于三生空间网络的京津冀地区镇域乡村振兴路径[J]. 规划师，2019(15)：60－66.

④ 吕小勇，黄河. 行动者网络理论在村镇电商产业空间优化中的应用[J]. 规划师，2018(8)：106－112.

⑤ 罗燊，余斌，张向敏. 乡村生活空间网络结构特征与优化：以江汉平原典型乡建片区为例[J]. 长江流域资源与环境，2019，28(7)：1725－1735.

⑥ 李佳俊，徐辉，赵大伟. 实景模型在传统村落数字博物馆中的应用[J]. 国土资源遥感，2019，31(1)：264－270.

⑦ 张洪吉，罗勇，刘慧，等. 我国传统村落数字化保护技术研究现状与展望[J]. 资源开发与市场，2017，33(8)：912－915.

⑧ 杨晓俊，方传珊，王益益. 传统村落景观基因信息链与自动识别模型构建：以陕西省为例[J]. 地理研究，2019，38(6)：1378－1388.

⑨ 翟洲燕，李同昇，常芳，等. 陕西传统村落文化遗产景观基因识别[J]. 地理科学进展，2017，36(9)：1067－1080.

⑩ 李伯华，郑始年，窦银娣，等. "双修"视角下传统村落人居环境转型发展模式研究：以湖南省 2 个典型村为例[J]. 地理科学进展，2019(9)：1412－1423.

⑪ 李伯华，刘沛林，窦银娣，等. 中国传统村落人居环境转型发展及其研究进展[J]. 地理研究，2017，36(10)：1886－1900.

⑫ 席建超，王新歌，孔钦钦，等. 过去 25 年旅游村落社会空间的微尺度重构：河北野三坡苟各庄村案例实证[J]. 地理研究，2014，33(10)：1928－1941.

⑬ 杨忍，徐茜，周敬东，等. 基于行动者网络理论的逢简村传统村落空间转型机制解析[J]. 地理科学，2018，38(11)：1817－1827.

趋势，通过对社会结构变迁进行研究探讨社会空间重构的内在机制问题。当前研究大多侧重于单个聚落空间的空间布局及结构形态，对于村落中的各利益主体之间的网络关系、人与环境的协调以及整体聚落群体之间的联系关注度不够，以至于割裂了人地关系和人与环境的协调共生。在乡村振兴的背景下，更需要从“文态—生态—形态”的视角为传统村落的保护与活化提供了新的研究思路，更有利于传统聚落的空间层次化和秩序化研究，从而实现传统村落的“整体性、系统性、延续性”的保护。

2.2.4 传统村落社会空间研究

通过对空间概念内涵的分析可以看出，空间是一个复杂的集合体，传统村落空间作为多种空间类型的其中一种，其应当也拥有复合性，所以，对传统村落空间的研究与分析也需要结合物质自然条件、社会发展规律、地域文化传承等多方面进行分析。

传统村落本身是一种特殊的村落，其具有的历史与文化的代表性使其在一般村落中脱颖而出，具有特殊的保护价值，它见证了中华民族的发展，承载了一代又一代居民的乡愁，具有非常重要的历史价值和文化意义①。在中国，传统村落本身既是一种空间上的单元，又是一种行政和社会单元②。农耕文明时期，自给自足的小农经济使得人类不得不依靠自然资源生存繁衍，基于这种生活方式，村落的形成在很大程度上受到了自然环境的制约，村落的空间构成也仅仅由耕地与居住建筑组成。但随着社会经济的发展，村落的生产生活空间不得不不断向外拓展以满足日益增长的外部空间需求。与此同时，巨富豪商开始在村内兴建大量的祠堂、官邸和商宅，也大大丰富了村落的内部空间与村落文化。村落空间中的各成员的生产生活方式，与村落成员相互之间的文化关联和存在于村落中的具有表面化和隐性化特点的文化结构，这三者共同丰富了村落空间的内涵与意义③。在工业文明时期，为了追求空间生产利益的最大化，社会的生产生活空间中心逐渐转移到了城市中，在这场势力博弈中，农耕文明构建的传统村落空间在工业文明的冲击下不

---

① 李伯华，刘沛林，窦银娣，等. 中国传统村落人居环境转型发展及其研究进展[J]. 地理研究，2017，36(10)：1886－1900.

② 黄忠怀. 20世纪中国村落研究综述[J]. 华东师范大学学报(哲学社会科学版)，2005(2)：110－116.

③ 曲凯音. 我国传统村落的历史生成[J]. 学术探索，2017(1)：51－56.

断萎缩，难以维系[①]。到了生态文明的新时期，对空间的治理取代了对传统的空间的物质性的关注，成为空间生产的新的重点[②]。此时，对传统村落的空间活化转型和重新构建乡村的社会关系空间以促进传统村落的积极健康发展就显得尤为重要。

随着旅游业的快速发展，旅游地空间和旅游地演化出现新的有待旅游地理学探究的现象。桂榕在研究民族文化旅游空间时提出，旅游地发展中的新因素、新空间、新问题也需要旅游地理学探索新的研究范式[③]。在传统村落的发展过程中，旅游作为一种"新的"、现代的实践方式，动态介入并诱变历史地段空间生产机制[④]，随着外在因素不断地介入和诱变，村落内部的社会空间要素也在不断地发生变迁，从而最终推动了传统村落发生空间转向[⑤]。周年兴从社会空间结构、动力机制、村落空间格局、商业经营等方面分析旅游对传统村落社会空间产生持续性的影响，引导村落变迁[⑥]。传统村落旅游地是一个个独立的、特定的、活态的地域空间，是现实社会基于"历史社会实践产物"的再生产，是现实社会与历史社会的空间实践在方式和效应上的分异和叠覆[⑦]。旅游对特定村落社会空间的要素是如何发生作用，从而产生何种变迁，是本书需要探讨的重要内容。

2.2.5　传统村落生态空间研究

自然生态环境在为城乡发展提供物质资料的同时，也为城乡发展筑起安全底线。在快速城镇化、工业化、产业转型的刺激下，我国传统村落的生态空间被压缩、环境问题日趋严重，并逐步成为经济发展与村民生活改善的重要制擎。首先表现在自然植被的破坏和环境污染的加剧。根据国家统计局《中国统计年鉴 2018》数据显示，目前我国人均森林占有面积约为 0.149 hm^2，仅为世界人均水平 0.6 hm^2 的 24.8%。乱砍滥伐、森林火灾、草场退化等不合理的开发和利用造成了不少传

---

① 罗康智.生态文明建设语境下的中国传统村落保护[J].原生态民族文化学刊，2019，11(1)：79－85.

② 李郇，彭惠雯，黄耀福.参与式规划：美好环境与和谐社会共同缔造[J].城市规划学刊，2018(1)：24－30.

③ 桂榕，吕宛青.符号表征与主客同位景观：民族文化旅游空间的一种后现代性：以"彝人古镇"为例[J].旅游科学，2013，27(3)：37－49.

④ 郭华.国外旅游利益相关者研究综述与启示[J].人文地理，2008(2)：100－105.

⑤ 王录仓，李巍.旅游影响下的城镇空间转向：以甘南州郎木寺为例[J].旅游学刊，2013，28(12)：34－45.

⑥ 周年兴，梁艳艳，杭清.同里古镇旅游商业化的空间格局演变、形成机制及特征[J].南京师大学报(自然科学版)，2013，36(4)：155－159.

⑦ 姜辽，苏勤.周庄古镇创造性破坏与地方身份转化[J].地理学报，2013，68(8)：1131－1142.

统村落周边山林植被破坏、山体裸露、水土流失严重、自然灾害频发。同时，传统村落水、空气、土壤、垃圾等环境污染也不断加剧，人居环境质量堪忧。我国传统村落原有的水资源多为自然山泉、古井、河流，因为农药化肥的不合理使用、工业废水及生活污水的乱排乱放、生活垃圾随意丢弃等原因，水资源日渐污染或枯竭，地下水位不断下降，水环境状态不断恶化。乡镇企业的工业废气粉尘、机动车辆的尾气排放、生产生活垃圾的焚烧等因素也加剧了空气环境、土壤的污染，严重威胁村民们的健康和生产生活。其次，生态空间被压缩也表现在村落生态空间格局的改变。传统村落生态系统是一个融合生态、生活、生产功能"三位一体"的复合系统。

传统村落空间格局往往遵循"天人合一"的朴素生态观念，村落选址布局"相地而生"，追求"与天地合其德，与日月合其明，与四时合其序"的天地人和关系；在自然资源的利用方面强调"取用有节""树木以时伐焉，禽兽以时杀焉"。人口的增长、耕作模式的变化、城市化进程的加快导致了传统村落土地利用方式和空间格局的改变，带来了生态系统的结构性不同程度的破坏。村落生态系统生物多样性减少，对于外部干扰的敏感程度和恢复能力不断下降，土地利用以单纯的农业生产为主转向农业、商业、工业等混合格局，非生产性空间不断增加，破碎化现象加剧。传统村落缺乏自我更新能力，不能顺利地进行能量交换和流动，生态格局和生态平衡被不断打破。

传统村落生态空间多由自然赋予的水、森林、山岭、草原、荒地、滩涂等丰富生态资源构成，生态条件良好，能够保持生态系统的多样性、稳定气候、保持水土、减少环境污染、提供经济作物，为传统村落持续健康发展和经济振兴提供活力来源。传统村落的生态空间蕴含着优秀的生态智慧，它存在于自然环境之中，是自然环境的一部分，村落的存在与发展不能凌驾于自然之上，生态保护与传统村落保护相融共生。生态环境空间的健康是传统村落系统健康的基础，为村落的文化、社会、经济发展提供环境资源保障。

2.2.6 传统村落空间肌理研究

传统村落空间肌理受文化理念、地形环境、社会经济等多方面因子影响①②③，

① 李红波，张小林. 国外乡村聚落地理研究进展及近今趋势[J]. 人文地理，2012(4)：103 - 108

② 余兆武，肖黎姗，郭青海，等. 城镇化过程中福建省山区县农村聚落景观格局变化特征[J]. 生态学报，2016(10)：3021 - 3031

③ 马文参，徐增让. 基于高分影像的牧区聚落演变及其影响因子：以西藏当曲流域为例[J]. 经济地理，2017(6)：215 - 223.

呈现出或自由、或规则的布局特点[①][②]。基于细胞学视角的村落肌理被解构为肌理区、肌理核、肌理链，分别与村落的空间结构、文化基因和社会联系相对应[③]。基于文化景观学视角，村落肌理被解析为背景原型因子、中景文化体系、前景自然或人工构筑肌理三个层级，原型是村落最直接、最单纯的精神理念，文化体系是复杂且理性的制度、谱系等内容，肌理则是前两者丰富多变的物质体现[④]。在研究中村落形态常被分为两个层面，一个层面是从村落外部来看的整体空间格局与村落边界肌理，另一层面是村落内部的街巷、建筑、公共空间等肌理形态[⑤]。

传统村落的空间形态呈现了对自然的尊重、与社会的共享、同文化的融合，展示出勃勃生机[⑥]。如梅州客家传统村落的空间肌理在自然环境与生产力条件的约束下，受中原文化与客家文化的融合影响，呈现出带型、散点式、面状等多种丰富的外在形态[⑦]。徽州传统村落在地形、佃仆制度等的影响下形成了散居型、组团型、线(带)型、团块型、阶梯型等多种布局形式[⑧]。相比其他地域而言，徽州传统村落布局除了受地形、交通、社会的影响，还在很大程度上受徽商文化的影响，兴建了大量的祠堂、书院、园林，使徽州村落发展达到鼎盛[⑨]。此外，既有研究还对村落形态的驱动要素开展了大量研究，表明地形、经济区位、产业状况、人口密度等指标是影响村落形态演变的主要要素[⑩]。

从物质形态来看，传统村落边界可分为自然边界与人为边界，自然边界主要包

---

① 许建和，柳肃，熊鹰，等．南方山地乡村聚落空间分布及其格局优化调整：以临武县西山瑶族乡为例[J]．经济地理，2017(10)：221－227．

② 陈静，冯旦，颜益辉．传统村落成功特质分析及规划策略探索：以河南方顶村为例[J]．规划师，2015，31(S2)：167－172．

③ 江嫚，何韶瑶，周跃云，等．细胞视角下的村落有机体空间肌理结构解析：以福建龙岩培田村和湖南怀化皇都侗寨为例[J]．地域研究与开发，2020，39(3)：168－173．

④ 刘磊．传统村落景观肌理的原型辨识及应用：以河南省新县西河大湾村为例[J]．地域研究与开发，2018，37(2)：163－166．

⑤ 王晓薇，周俭．传统村落形态演变浅析：以山西梁村为例[J]．现代城市研究，2011，26(4)：30－36．

⑥ 李军，黄俊，黄经南，等．中国古代环境思想影响下的云南城子村空间形态研究[J]．建筑学报，2017(S2)：1－6．

⑦ 孙莹，肖大威，徐琛．梅州客家传统村落空间形态及类型研究[J]．建筑学报，2016(S2)：32－37．

⑧ 李久林，储金龙，叶家珏，等．古徽州传统村落空间演化特征及驱动机制[J]．经济地理，2018，38(12)：153－165．

⑨ 李久林，储金龙，李瑶．古徽州传统村落空间分布格局及保护发展研究[J]．中国农业资源与区划，2019，40(10)：101－109．

⑩ 杨希，魏琪力，杜春蕾，等．近十年我国村落形态驱动因子的共性与分异性研究[J]．规划师，2019，35(18)：19－25．

括山脉、水体等，人为边界主要有道路、民居、农田、园地等在村落发展中不断形成、突破、再形成的物质形式[①]。但村落在营造过程中尤为注重与自然山水的融合，大多没有明确的边界，表现为复杂、模糊与不确定性[②]。

南北方传统村落街巷肌理在不同气候条件影响下，外在形态风格各异，南方街巷走势较为自由，如广州练溪村具备等级鲜明、结构清晰的鱼骨状街巷体系[③]；而北方传统村落内街巷相对规整，如平遥古村落基于地籍的“类里坊”街巷形态构成了村落内较为均质的空间布局[④]。处于南北之中的徽州古村落，总体上，依山就势呈现有机型布局，而其内部受宗法观念影响呈现出向心性较强的方格网式布局[⑤]。

对建筑肌理的既有研究多从建筑平面布局、建筑屋顶、建筑立面等方面开展。由于宗族变迁与生产方式的影响，村落内民居形制随着时间推移发生变化，宁波走马塘村内宋代院落以厅堂明廊型为主，明清则以“H”型为主，至民国则多为三合院式[⑥]。建筑空间布局主要受堂屋朝向以及大门方位组合影响，同时，院落空间也影响着街巷走势、地块组团肌理[⑦]。传统村落建筑屋顶主要在屋顶样式、屋面材料以及构件方面存在差异[⑧]。而对建筑立面的研究包括立面装饰与墙体材料，包括窗户位置与样式、立面雕饰等内容。

立面肌理的研究相较于平面肌理的成果较少，既有成果主要考虑村落地形高度与街巷关系、建筑高度、街巷的高宽比等特征。有研究引入竖向空间与建筑混乱度两方面指标，借助因子分析与聚类分析方法研究聚落类型与特征，从而构建起传统村落三维量化模型，有效揭示了传统村落的三维本质特征[⑨]。

---

① 孙莹，肖大威. 认同区分：梅州客家传统村落边界空间的社会内涵[J]. 小城镇建设，2015(4)：99－104.

② 浦欣成，王竹，黄倩. 乡村聚落的边界形态探析[J]. 建筑与文化，2013(8)：48－49.

③ 卢道典，蔡喆. 城市重大项目建设中传统村落景观特色的保护与传承：以广州小谷围岛练溪村为例[J]. 现代城市研究，2014(4)：24－29.

④ 张瑜，贾艳飞，何依. 传统平原堡寨村落整体性保护方法探究：以平遥古村落为例[J]. 城市发展研究，2015，22(4)：104－110.

⑤ 王苏宇，陈晓刚，林辉. 徽州传统村落景观基因识别体系及其特征研究：以安徽宏村为例[J]. 城市发展研究，2020，27(5)：13－17.

⑥ 何依，孙亮. 基于宗族结构的传统村落院落单元研究：以宁波市走马塘历史文化名村保护规划为例[J]. 建筑学报，2017，581(2)：90－95.

⑦ 李斌，何刚，李华. 中原传统村落的院落空间研究：以河南郏县朱洼村和张店村为例[J]. 建筑学报，2014，11(S1)：64－69.

⑧ 刘磊，张青萍. 河南林州石板岩民居和吴垭石头村景观肌理比较[J]. 林业科技开发，2015，29(2)：142－146.

⑨ 贾子玉，周政旭. 基于三维量化与因子聚类方法的山地传统聚落形态分类：以黔东南苗族聚落为例[J]. 山地学报，2019，37(3)：424－437.

通过对传统村落空间肌理的多方面探究，有学者分别提出了综合村民与社会发展需求的“理想型”村落重构模式[①]，建立完善的景观肌理保护预警机制，原地重建村落重要公共建筑[②]，考虑不同要素的历史价值建立不同的维护与更新措施[③]等多种恢复村落肌理、重现村落风貌的路径方式。

对传统村落空间肌理的研究中，以往多以定性分析为主，量化分析相对较少。在村落平面肌理量化分析中，早期主要基于欧氏几何学使用平均面积、平均距离等指数较为粗浅地描述了村落肌理形态[④]。基于早期的研究基础，景观形态学、统计学等学科的一些方法逐渐被引入传统村落空间肌理的研究。其中，形状指数常被用来解析村落规模与边界形态[⑤]；在对于聚落内部空间的量化描述中，离散度能够表征空间的丰富程度，分维值则可以表示空间的复杂性与稳定性[⑥]；近年来也有不少研究基于空间句法开展了传统村落整合度、选择度、街巷密度等方面的研究[⑦⑧]。然而，平面特征的解析难以通过某一指标进行衡量，通常需要多个指标综合测度，宏观视角下对村落组织结构常使用平面形态长宽比、边界系数、形状饱和系数等描述，微观视角下对地块及建筑平面组合的描述多使用建筑密度、离散系数等[⑨]。

近年来，计算机技术的发展与成熟给传统村落肌理的研究带来了相当的便利，GIS 技术在综合集成、管理、分析、专题制图等方面发挥着重要作用，为村落肌理研究提供了科学合理的工作流程[⑩]。随着对村落肌理解析的深入与技术的发展，基

---

① 白胤，乔聪聪. 基于类型学方法的历史环境保护与再生设计研究：以内蒙古将军尧村为例[J]. 西安建筑科技大学学报(自然科学版)，2017，49(6)：875－881.

② 常燕勋，夏青，常江涛. 自然村落的保护与更新要素探析：以邯郸市鸡泽县常庄村为例[J]. 规划师，2015，31(S1)：99－102.

③ 林琳，田嘉铄，钟志平，等. 文化景观基因视角下传统村落保护与发展：以黔东北土家族村落为例[J]. 热带地理，2018，38(3)：413－423.

④ 王昀. 传统聚落结构中的空间概念[M]. 北京：中国建筑工业出版社，2009.

⑤ 杜佳，华晨，余压芳. 传统乡村聚落空间形态及演变研究：以黔中屯堡聚落为例[J]. 城市发展研究，2017，24(2)：47－53.

⑥ 张凯，马明. 基于平面算法的内蒙古农牧交错带山地聚落空间形态分析：以赤峰地区为例[J]. 中外建筑，2019，215(3)：86－89.

⑦ 陈丹丹. 基于空间句法的古村落空间形态研究：以祁门县渚口村为例[J]. 城市发展研究，2017，24(8)：29－34.

⑧ 陈驰，李伯华，袁佳利，等. 基于空间句法的传统村落空间形态认知：以杭州市芹川村为例[J]. 经济地理，2018，38(10)：234－240.

⑨ 叶茂盛，李早. 基于聚类分析的传统村落空间平面形态类型研究[J]. 工业建筑，2018，48(11)：50－55.

⑩ 刘澜，唐晓岚，熊星，等. GIS 技术在风景名胜区乡村景观肌理研究中的应用初探[J]. 山东农业大学学报(自然科学版)，2018，49(6)：952－957.

于 CityEngine 平台的参数化解析与重构逐步得到使用[①][②]。而无人机遥感技术获取的数字地表模型(DSM)数据则为传统村落空间肌理的研究提供了可靠的基础[③]。

2.3 复杂适应系统理论

2.3.1 复杂适应系统理论内涵

复杂适应系统(Complex Adaptive System,简称 CAS)理论源自美国的约翰·霍兰教授于 20 世纪 90 年代提出的一系列相关理论。旨在为人类社会认识、理解、控制、管理复杂系统提供新的理论支撑,其最基本概念是系统中能够进行学习且具有一定适应能力的主动个体,简称主体,主体能够与环境及环境中其他主体产生交互作用。既有研究对于 CAS 理论的理解往往自宏观和微观着手。宏观方面的表现如下:在由主题为最小单元构成的复杂系统中,系统基于适应性主体内部之间、环境与适应性主体之间的相互作用影响而发展,一系列现象诸如涌现、分化等在宏观系统中发生着一系列复杂演化,促使系统进行不断进化,产生了新的层级并激发了多样性的出现,甚至聚合出更大、更新主体等现象。在微观层面,主体与客观环境遵循着"刺激——反应"的客观交互规律,主体的适应能力体现在其能够持续地根据行为反馈来调整和修正自己的行为准则以期在客观环境的变化过程中更好地生存。正是由于 CAS 理论在宏观与微观上都可以从个体与环境之间主动的、反复的交互作用规律去理解系统适应产生复杂性的演化动因。其研究问题视角的新颖性和开创性,在诸多领域得到广泛的探索和应用,使得复杂系统的行为规律研究得以深入。

根据复杂适应系统内涵,主体是由被规则所描述能够产生相互影响和相互作用的适应性主体所组成的,故而某个适应性主体所存在的环境均由其他适应性主体所组成,主体为了适应环境而不断努力进行刺激与学习,积累相关经验并更改其适应准则,甚至将自身的结构和行为方式进行改变,继而不断派生出更复杂的适应

① 李恒凯,李小龙,李子阳,等. 构件模型库的客家古村落三维建模方法:以白鹭古村为例[J]. 测绘科学,2019,44(8):182-189.

② 葛丹东,童磊,吴宁,等. 乡村道路形态参数化解析与重构方法[J]. 浙江大学学报(工学版),2017,51(2):279-286.

③ 曹翰,杨翠霞. 辽西传统村落 DSM 空间形态[J]. 大连工业大学学报,2019,38(5):386-390.

性的动态过程。

目前在学界的研究中基本认为任何事物、领域都存在着众多的复杂系统，且不同复杂适应系统都有自身特征，随着研究的深入，复杂适应系统不断概括，主要有以下几个方面的特征：

（1）基于适应性主体。一个携有主动性、目标性、具有相当活力的适应性主体能够对复杂适应系统环境和其他适应性主体产生相互作用并进行交互，在与其他适应性主体进行一系列协作与竞争的过程中，带有效应与感知的能力，以追求主体本身最大的生存效益。但这种自适应能力不是绝对正确的，也会由于错误的预期导致其消亡，正是这种主体适应性的不确定性导致了复杂系统的复杂性。

（2）共同演化。主体在系统中的正反馈不断加强源于其适应性过程，系统在发展过程中所带来的机会也会将主体延续，这样主体的循环往复的多样性转变方式也完成了系统的演化过程。这一系列的主体演化过程并非是基于个体本身的，而是基于整体性、共同性的演化，适应环境并且能够与其他主体相适应的主体会在共同演化的过程中不断出现，以维系并推进系统的发展。每一个复杂适应系统如果能够形成自组织并完成系统突变，就必须借助共同演化所拥有的强大力量，且这种力量将永远指向混沌的边缘。

（3）无穷趋近混沌的边缘。复杂适应系统具有融合秩序与混沌的强大制衡能力，其平衡点被命名为“混沌的边缘”——每一个不同时刻系统内的要素都会改变自己的状态，同时并不会因熵增过程而导致解体。适应性主体在这种平衡下不断加强自己，继而加强与竞争主体的协同配合，根据其余竞争主体不断调整自身状态，在共同演化的进程中使系统进一步走向混沌的边缘。混沌的边缘并不是一个简单的有序与无序的界线，而是会进入自行发展的特殊区域，而这个区域将会产生涌现现象。

（4）产生涌现现象。涌现现象具有一个最为本质的特征，即由小及大、由简至繁。其产生之源为适应性主体在单一或复杂的并无关联性的简单规则操纵下的相互作用。而主体适应规则正是表现在这一相互作用当中，且其作用性体现了前后关联的耦合，同时非线性作用占据主导地位，这些特征都使涌现的整体行为相较于个体行为之和更加复杂化。在整个涌现过程中，被规律所限定的事物在不断地发生变化，而规律本身岿然不动，这致使了大量新结构与新模式的生成。这些永续恒新的结构与模式，因此具有了层次和动态，涌现现象还能够在当前的结构模式下不断创新，激发更复杂的组织结构层次生成。综上而言，一种相对简单的涌现会不断产生高层次的涌现，这一整体而宏观并在不断变化的现象在复杂适应系统层级结构中体现得淋漓尽致。

基于上述复杂适应系统的特征认知，霍兰认为复杂适应系统模型应该具有聚集、非线性、流、多样性、标识、内部模型以及积木等七个基本特性。系统的通用特性体现在前四项中，其作用为适应和进化，而环境交流的规则和概念则体现在后三项当中。

(1) 聚集。可以将其划分为两层，一层为聚类的标准方法，能够简化复杂系统，将具有共同特点且能够相互作用的主体聚而成类，是构建复杂适应系统模型的主要路径，另一层则是从主体聚集后的结果来探究，再简单的主体发生聚集后，相互作用产生了，而这主体间的相互作用会涌现出更为庞杂的行为，因此，复杂适应系统具有了这一基础特性，即该涌现的结果。主体在聚集的过程中会升华形成更加高级的主体——介主体，在多次循环的聚集过程后，形成介主体，这种循环的过程致使复杂适应系统产生了层次组织。在系统复杂演化过程中，较小或层次较低的个体通过一定方式结合形成规模较大、层次较高的个体对于系统发展至关重要，往往是宏观层次下骤变的转折点。聚集并不仅仅是简单的合并，也不是消灭吞噬的合并，而是在初始个体并未消亡的情况下，耦合新的类型升级到更高层次的合并，初始个体只是在新的适应性系统里找到更好的生存环境得以发展。这种演化步骤仅通过以往的还原论思想难以阐释清楚。

(2) 非线性。主体及其属性在发生变化时并非遵循简单的线性法则。复杂适应系统理论值，主体与主体间的相互作用并非简单的、单向性的、被动化的因果关系，而是主动的适应性关系。任何以往对于主体的影响要素都会延续到下一阶段的发展过程中，单纯线性的因果关系消亡于此，往往通过反馈与交互来影响和作用的一种复杂关系，使得系统难以预测、充满变化。内部因素作为非线性产生，直线式因果链消亡的本源，在主动性和适应性上对主体进行作用，在此理论基础上，霍兰在最初提出适应性主体相关概念时便认识到非线性对于复杂性而言是其本源，更进一步将其理解为整个系统行为的一个内在且必然存在的要素，这加深了对其内涵和重要性的进一步认识。

(3) 流。可以看作节点与连接者遵循一种映射关系的流动网络系统，它更多描述的是一种过程。通常节点就是主体，连接者为可能存在的交互作用。在复杂系统演进中，网络间的流动因时而异，节点和连接均会随着主体的适应关系而出现更迭消亡。流同时又具有乘数效应和再循环效应。

(4) 多样性。动态变化模式是对于复杂系统中多样性的最好解释,仅从直观而言,它源于在系统不断适应环境和其余主体的结果。新的生态位的产生和相互作用的进一步发展都来自适应的过程。我们可以称之为宏观尺度上系统中结构的涌现,也可称其为自组织现象的出现。

(5) 标识。复杂适应系统在聚集过程中往往有某种机制横贯全程,这一机制称之为标识,它的普遍存在是为了产生边界和聚集,它能够让适应性主体进行相互影响与作用进而发生选择。适应性主体和适应性主体所在环境的相互影响作用过程中,标识是极为重要的,设置优秀的、基于此的相互作用,是合作、选择合理前置条件的基础,使得涌现能够激发于组织结构和介主体内。复杂适应系统中具有一定相同特性的层次组织结构身后,便隐藏着标识机制。

(6) 内部模型。用来解释主体与环境适应实现某项功能的机制,获得趋利避害的技能,以达到最终适应整个系统环境的目的。在整个系统中,当大量的输入内容被适应性主体所接受,适应性主体便会选择对应的模式以响应输入,这些适应性主体所拥有的模式会被记忆成为其功能结构——内部模型。

(7) 积木。可以将之类比为信息的重组,在整个系统中的基础组件之上,通过更改组件的组合方式而生成的复杂化系统。因而,整个系统的复杂指数往往并不由组件的多少和大小来决定,而是由其组合模式来决定。更为复杂的系统中内部模型和积木能够不断深化层次的概念,单一层次中个体类别的种类繁多并不足以表现客观世界的多样性,还应表现在层次之间的差别和多样性,当跨越层次时就会有新的特性与规律出现。概括地说,它们将这样一条思路展示在我们面前:将下一层次中所包含的内容与规律密封打包为内部模型,整体化地与上一层次进行相互作用,暂时无视其内部的细部特征,而将着眼点汇于此积木与其他积木的相互影响作用上,因为这一影响作用在上一层次中是具有决定性和关键性的主导因素。近年来,计算机科学领域中软件工程学开发设计的主流技术便是模块化技术,其方法本质具有相通性和一致性。

在上文基本特性的描述下,复杂适应系统模型应被视为内部模型的积木,经由标识发生聚集等相互作用继而不断层层涌现而生的动态系统。

2.3.2 CAS 理论在聚落空间研究中的应用

CAS 理论的核心在于多主体交互作用的动态过程研究,一切事物的复杂性是生成的而非既成。在城乡规划学科中,随着研究对象外延的不断扩展,跨学科多学科融合研究日益增多，越来越多的学者开始尝试用复杂适应系统理论来解释错综复杂的研究现象。

关于聚落空间结构的研究，陈凯业[①]引入 CAS 理论，以石塘镇沿海山地聚落作为实证对象，用建筑学语言将聚落空间与 CAS 理论的三大机制四大特性进行关联耦合，对于聚落形态形成的动因进行自下而上式的探索，将探索的结果对应至宏观视角下划分的三类聚落中——山峦群聚型、海湾型和山地半坡性聚落。通过聚落的对比明晰各类型聚落形态形成的影响因素比重以及聚落形态中有序性与无序性产生的原因。

关于聚落人居环境演进过程研究，李伯华[②]以 CAS 理论为基础，分别探析了基本特征、适应机制和结构构成的传统人居环境系统特征。总结了传统村落人居环境系统的数个子系统，包括社会文化环境系统、地域空间环境系统、自然生态环境系统和多元主体系统等，并指出传统村落的人居环境系统与复杂适应系统吻合度很高。描述了文章所属区域人居环境的系列演化过程。第一阶段被称为量变的积累阶段，这一徘徊阶段下村民自发组织进行发展是主导力量，其适应性行为和对人居环境的作用强度较为有限。第二阶段被称为质变的关键阶段，政府不断介入，加深了利益的复杂化、流要素的高速转化、不确定性下的系统演化。第三阶段则是剧变阶段，多元主体相互作用形成了主导力量，主体与环境、主体内部之间相互作用与影响的烈度和复杂度进一步提升，人居环境中系统结构和功能转型被加速跃升。末尾从自适应能力的提升、自组织反应的重视、主导调控的优化、社会治理的引入多视角升华了人居环境系统的系统机制调控。

关于聚落地域文化的研究，杨仲元[③]引入 CAS 理论，将皖南文化旅游地看成是由多个适应性主体相互作用而不断演化发展的复杂适应系统，对地域文化系统演化的特征及其主体行为机制进行系统性研究，分别探讨政府主体引导行为的特征和表现、游客凝视行为与其文化旅游体验之间的关系、居民对地方文化旅游发展的感知态度等，构建出了较为完整的文化旅游地演化的理论和方法体系。在探讨皖南核心文化——徽州地域文化系统的演化特征和机制的基础上认为在徽州文化演化过程中，徽州宗族、徽籍官员和徽州商人逐渐成为适应主体，三者相互联系、相互

---

① 陈凯业. CAS 视角下的温岭石塘镇沿海山地聚落形态及成因探析[D]. 杭州：浙江大学，2018.

② 李伯华，曾荣倩，刘沛林，等. 基于 CAS 理论的传统村落人居环境演化研究：以张谷英村为例[J]. 地理研究，2018，37(10)：1982－1996.

③ 杨仲元，徐建刚，林蔚. 基于复杂适应系统理论的旅游地空间演化模式：以皖南旅游区为例[J]. 地理学报，2016，71(6)：1059－1074.

作用的机制决定了徽州文化发展性质、方向和路径，成为徽州文化系统演化的内部模型，形成并聚集了徽州文化的建构要素、建构子系统和建构关系，确定了建构徽州文化的积木及积木组合方式，形成了以徽商为基础的物质文化、徽州宗族为保障的制度文化、新安理学为核心的精神文化三位一体的徽州文化基本结构，使徽州文化成为中国传统文化的典范。徽州在传承中国传统文化的同时，充分体现了地方特色，形成了具有鲜明地域特色的文化标识系统和符号系统，一些标识和符号成为重要的文化景观，凸显了徽州文化聚集性、开放性、多样性和典型性等特征。

基于复杂适应系统理论的研究可以更好地描述复杂现象的发生进而解决组织结构的复杂问题。它认为系统的进化动力源于系统之内，在微观适应性主体的相互作用下，宏观的复杂现象产生了，它将思路重点落在了系统内各要素的相互影响作用上，故而采用了"由上而下"的研究路径；其理论深度使得其不局限于描述客观的事物，而更将着眼点放在揭露客观事物演化发展的进程及构成原因。由于复杂适应系统的独特思路，利用该系统剖析问题与传统方法有差异之处，它是宏观世界与微观世界分析对比的综合，是定量模型计算和定性主观判断的结合，是整体论思想与还原论思想的碰撞的结合，更是科学推论与哲学思想的结合。复杂适应系统的核心建模方法在于通过微观细节模型联系整体模型，进行不断的循环、反馈、校正，用以探究细部所反映的整体行为，具有大量参数的适应性主体构成了其模型组成，通过正反馈和适应的手段方法，推定出环境是进化的，主体应当在环境中主动学习。基于上述特点，CAS 理论独具特色的新功能与新特性，为社会、军事、生态、管理、经济等复杂系统的演进解释提供了重要的理论和方法借鉴意义。

2.4 小结

空间一直是地理学与城乡规划学研究的核心命题，人文地理学注重人类活动对地表环境影响的表现，而城乡规划学更多以地理空间为基础，强调绝对空间的人居价值和空间组织的意义。改革开放 40 多年实践表明，城镇化的进程是当代中国社会最大的历史变迁，这种历史性变革既是中国社会历史文化发展过程中的逻辑使然，也是对于当代全球化社会背景的积极响应。这种大的变迁自然导致传统村落社会环境的变化，从而使得传统村落的生活主体的行为逻辑和空间组织发生转变。梳理适应传统村落复杂系统变迁特征和空间转型重构需求的基础研究从而显得非常重要。其一，从概念出发，解析传统村落空间的组成要素，从复杂系统和文化衍生等视野解读传统村落空间核心内涵，提炼当下传统村落空间研究的热点与趋势；其二，根据既有传统村落空间研究的多学科复杂融合的特点，从要素——结构——系统三个方面予以梳理总结，从主体行为、社会组织和空间结构三个方面阐释传统村落的复杂特征；其三，基于研究焦点和可行性，提出本项研究的必要性和重要性。

传统村落空间并不是单一空间的组成，而是复合了多种空间，中国乡土社会的内涵因此被丰富，同时承载了整个中国乡村社会。因此，传统村落的保护与传承具有重要的现实意义和理论价值。城乡一体化发展要求下的乡村规划方法需要探索与创新。缩小城乡差距，化解城乡矛盾，促进乡村健康可持续发展是当前国家城镇化战略转型的核心命题。近年来，乡村规划与建设、乡村治理成为社会关注和研究的热点。我国长期存在的城乡"二元"结构及"重城轻乡"的思想使乡村规划相关的研究一直处于薄弱的阶段，乡村规划方法策略和成果等还有待进一步完善①。乡村是一个不断发展和演进的社会经济文化的物质实体。乡村由于自然环境、空间区位、人口分布、文化背景、经济发展等诸多不同，在空间形态、社会组织结构、聚落功能结构、生长机制等方面存在着巨大差异。传统的生活方式、自发的社会组织形态、独特的地域文化和无可复制的历史变迁文化等，直接影响着乡村规划方法和模式。同时，在地域特征和乡村住民的生活状态之上，乡村的生存地域环境得以建立，村落空间的整体结构，风貌独特的定位应该表现为区域层面大协调、小丰富②。因此，需要我们转变思路、加强乡村规划理论和方法研究。

同济大学张松教授③从宏观的角度探讨中国传统村落的内部景观特征和整体空间形态，参考了欧洲建筑遗产保护历程中发展出的整体性保护理念及相关保护政策要点，深刻探求了传统村落整体性保护核心理念，分别从人居环境形式的整体性保护、生态文明建设中的整体性保护和乡村社会复兴的整体性保护三个层面探讨了基于新挑战的传统村落整体性保护策略。对于乡村社会复兴的整体性保护应当通过多路径回复传统村落地区的生产活力与宜居性，通过产业功能的恢复，改进农业生产技术，引入乡村旅游、文创、养老等新兴产业和就业渠道，吸引适应性主体人的回归乡土，从真正意义上解决传统村落社会的老年化、空间空心化和文化丧失等深层次社会发展失衡问题，实现传统村落的传承与发展，实现中国传统乡村的真正振兴。

基于当前传统村落保护发展现状的认知及学界的探究，根据前述对于徽州传

① 乔路，李京生．论乡村规划中的村民意愿[J]．城市规划学刊，2015(2)：72-76.

② 张尚武，李京生，郭继青，等．乡村规划与乡村治理[J]．城市规划，2014，38(11)：23-28.

③ 张松．作为人居形式的传统村落及其整体性保护[J]．城市规划学刊，2017(2)：44-49.

统村落演进过程的复杂性认知及其适应性演化机制的揭示，徽文化是徽州传统村落发展的灵魂，适应性是复杂系统演化的根源。传统村落历经千年通过不断适应外部变化，吐故纳新增强自身竞争力，并在竞争环境中实现自适应演化。基于复杂主体的 NK 学习模型，探讨传统村落自适应演化的主要过程，尝试总结其自适应演化的主要特性和核心机制。随着生产生活内容的丰富，在当前被打破的乡土空间社会中重建其秩序，传承其历史演进过程中所形成的传统价值和记忆空间秩序。对于其空间调控必须充分考虑适应性主体之间以及主体与环境之间的复杂关系，立足于传统村落的演进过程及其历史传承，对村落空间系统进行重构与规划引导。

本书试图探索建构的传统村落空间重塑体系，受传统的人地关系地域系统理论影响，在对空间复杂性整体认知的基础上，认为传统村落空间系统的各个子系统均是从人地关系地域系统派生而来，自然生态空间作为地域系统的基石，是人类赖以生存发展的本源。人类依托自然生态空间基础寻求发展后通过主体相互作用便产生适应性的聚落空间系统，但人类文明在生产生活中不断发展、思考、演进后产生了思想层面的社会文化空间。总而言之，三类空间系统层次递进，相互作用，在满足生产生活需要后产生的社会文化空间在三类空间系统达到稳定后必然反作用于其他两类空间系统，促使徽州传统村落复杂适应系统向着更高级的阶段跃进。因此，根据现状认识及驱动机制的揭示，可通过生态空间——聚落空间——社会文化空间的重塑来优化徽州传统村落的复杂适应系统（图 2－1），并通过规划调控实现传统村落的保护传承，进而实现乡村的振兴发展。

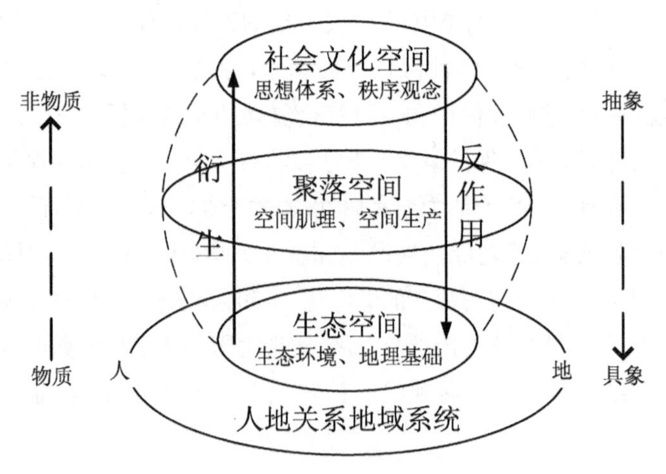

图 2－1　徽州传统村落空间重塑体系

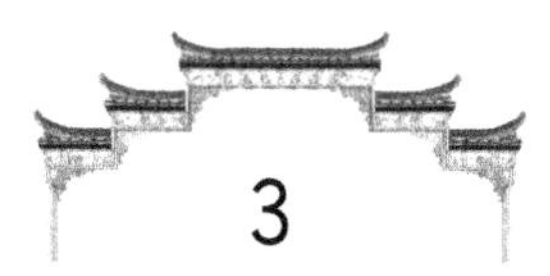

3 徽州传统村落演变过程及特征

3.1 历史沿革

徽州于宋宣和年间由歙州改名而来，作为中国历史上的一个行政区划延续了近 900 年，至明清时期的徽州府基本上形成了上述稳定的一府六县的地域单元格局，孕育了相对稳固的徽州文化。

从成因上梳理徽州传统村落的产生，大致可以将徽州传统村落归为两类。一类是因耕种农业产生、基于农业生产需要定居而形成的村落，目前这一定居型村落在徽州地区较少，更多的是移民型村落。另一类是移民型村落，其基本上是历史上通过大规模移民，并在其后一段时期保持相对稳定状态所形成的居民点，在后续的发展过程中可能由于人口的自然增长外溢而自发形成新的定居型村落。

徽州历史上几次规模较大的移民潮主要发生在三段历史时期：第一阶段发生在两晋南北朝时期，自"永嘉之乱"（公元 311 年）始，中原士族阶层受到极大冲击，纷纷向南迁移，他们带来的中原文化与徽州地区本身的山越文化相融合，成为后来"新安文化"和"徽文化"的雏形。迁居徽州的先民，特别是一些世家大族集群迁居后形成众多的传统村落，至今仍具有较大影响力，这一时期主要有程、鲍、胡、谢、詹等 9 个宗族。在聚落建设上，一方面，聚落形态结构发生变化。中原移民多聚族而居，随着宗族发展，不断分离、脱落、形成分支，衍生出新的村落。另一方面，中原移民带来先进建造技艺，将四合院与干栏式楼房结合，孕育出徽派建筑的原始形态。

第二阶段发生在唐朝，"安史之乱"与黄巢起义使得中原王朝陷入剧烈震荡之中，黄河以北人口再次出现大规模南迁，这一时期迁入徽州的宗族有汪、陈、叶、罗、朱、刘、江等 26 个姓氏。由于新安江流域的山区相对闭塞，吴人的开发建设尚不成熟，为移民的南迁预留了空间。因此徽州成为皖南境内吸收移民数量最多的地区，中原望族等外来族裔取代山越族成为歙州（徽州）的主要住民，土著民的居住选址逐步增加了防御功能方面的思考。这些移民家族很快成为具有中原士族特征的歙州(徽州)名门,极大地促进了中原儒家文化的融入和发展。至唐中期,新安江流域部分村落已发展到集镇规模,且村落数量越来越多,布局也从松散的点状向面扩展。唐朝末年,歙州(徽州)逐步打破地域范围界限,与江苏平原、赣江平原的联系日渐加强。

第三阶段是两宋过渡之际,金兵南下,北宋政权被迫实现更迭,出现"靖康之乱",赵宋王朝南渡临安,致使中原官宦世族接踵而至,柯、宋、周等13个宗族也在这一时期迁入了徽州。随着政治中心的南移引发"民从者如市"。徽州境内未受金军蹂躏,环境相对稳定,经历三次大迁徙之后,徽州发展逐渐稳定,村落布局结构日益成熟。一方面,新安理学的兴起,为徽州发展注入了新的发展动力,徽州村落塑造出以宗族为根、以文化立本的基本特征。此外,徽州村落的选址、营建中广泛运用了从阴阳五行衍生出的风水学说。在两大文化因素的共同作用下,住宅、宗祠、水口园林、牌坊、书院(私塾)等五大功能空间在徽州村落中高密度集聚分布。新安文化也进一步演变为特征鲜明的徽州文化。

由于徽州地区山水回环的闭塞环境,地域环境相对稳定,先民的迁入主要是为了规避战乱,寻求安全的生存生产环境。为了应对土著居民的"文化排外",克服水土不服、保证宗族迁而不散,迁居徽州地区的各大宗族几乎都选择了集中选址、集群而居的方式团结全族、组织生产生活、谋求发展。南宋以后,徽州地区再未出现大规模的移民潮,自此以后徽州地区便形成了大批较为稳定的以宗族血缘为纽带的、以姓氏冠村的宗族聚落,为明清时期的勃兴发展奠定基础。

自南宋经元年间至明中叶,徽州地区经济社会文化等得到长足发展,传统村落进入稳定发展时期,习尚简朴、耕读传家是这一时期徽州传统村落的基本特征。明万历《歙志》中载"家给人足,居则有室,佃则有田,薪则有山,艺则有圃……""成弘以前,……重土著,勤穑事,敦愿让,崇节俭"。

明代中叶至清朝中晚期是徽州经济社会文化综合发展的鼎盛时期,这一时期徽商兴起,徽商"以末致财,用本守之",将大量的商业利润流归故土,徽文化及其空间载体徽州传统村落盛极一时,编纂族谱村志、营建府邸、修建祠堂、筹集族产等一系列关于徽州的建设如系统性工程得以全面展开。通过现今遗留下来的家谱志书依旧能寻觅当时徽州传统村落的荣光。明隆庆《新安歙北许氏东支世谱》中记载:"在城北四十里,……第宅栉比鳞次,皆右族许氏之居焉。"

徽商是徽州村落得以发展的经济支撑,但自道光年间,徽商开始失势(注:徽州盐商最早开始衰败，道光十二年清廷改“盐引制”为“票盐制”，徽商世袭行盐专利权丧失。此外，清廷财政困难，赋税渐重，徽商资本大量流失)，无论是盐商还是茶商都受到不同层面的冲击，导致大量徽商破产，接踵而来的帝国主义入侵和太平天国运动均给予了徽商毁灭性的打击。此外，历史上鲜有战祸的徽州地区也因为太平天国长期在长江中下游地区与清廷作战而深受戕害，战火蔓延到徽州地区各县，昔日辉煌的传统村落陷入衰落、萧条之境。

晚清一系列的不平等条约、列强入侵、芜湖开埠等，使徽州地区的发展受到来自各方面的重重阻力，洋商逐渐占据皖南市场，使得传统手工业生产和徽商经营活动难以为继，但同时也刺激了近代工商业的勃兴，西方现代文化不断向徽州地区渗透。近代以来，徽州地区反封建、反军阀、反帝国等革命活动频繁，建立起一系列政权、组织和根据地。新中国成立以后的相当一段时间，徽州传统村落的发展在行政区划上发生部分变革，整体还是以黄山市所辖区域为主。改革开放以来，随着中国宏观经济社会的转型，对于徽州地区而言，在区域外部，人口不断向以上海为中心的长三角城镇群集中，徽州地区人口均处于净流出状态；在区域内部，农村人口不断向城镇集中。因此，在快速城镇化进程中，徽州城乡整体陷入了衰落，经济基础、社会结构都受到巨大冲击，由此产生了一系列的问题，其中尤以乡村更为严重。与此同时，徽州地区丰富的历史文化资源促进了区域文化旅游产业的发展，进而推动了徽州传统村落的经济社会发展。然而，现代旅游的快速发展也带来了诸多问题，如发展不平衡、利益分配不合理、保护手段不健全等。

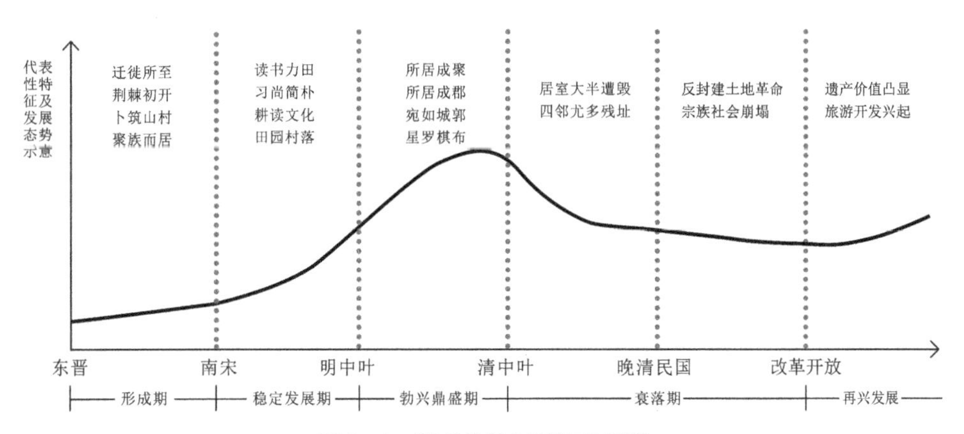

图 3-1　徽州传统村落演化历程

3.2 徽州地区社会空间文态

3.2.1 徽文化形成与发展

徽州地处吴越文化区与楚文化区之间，素有"吴头楚尾"之称，所属区域万山林立、地势险要，环境相对封闭，自古以来少有战乱侵扰，足资隐避。且水系密布、钟灵毓秀、光温互补，足供繁衍。因此，在封建历史上东汉黄巾之乱、晋王朝东迁、唐末黄巢举事、北宋金兵南侵等社会动乱时期，中原民众举族南下避祸，与外界隔绝的徽州成为理想的避难隐居之所。早在西汉时期迁入徽州的就有方、程、汪、舒等氏族，在永嘉之乱时，又有程、鲍、俞、黄等氏族入徽，且多徙至歙县篁墩。至黄巢、靖康两次大乱之时，徽州迎来了北方人口迁移高潮。这些迁入徽州的中原士民，给当时较为落后的山越社会带来了先进的生产技术，以中原儒汉文化为基础，在发展中与山越文化不断碰撞、融合，在五代末期，新质的徽州应运而生。

据徽州地区出土的文物分析，徽州地区原住民山越人社会结构单一，诞生了"鲜知礼节、剽悍尚武"的山越游耕文化。从出土的器物可以看出社会生产力已发展到一定水平，屯溪出土的"钟形五柱乐器"和铜鼎上描绘的舞蹈图，展示了徽州先民在与自然抗争、艰苦生存的同时，文化多元发展的态势。中原人民入徽之后，逐渐与外界通过科举、经商等途径建立了联系①②。中原风俗在徽州地区开始盛行，特别是两晋之后中原衣冠士族大规模入迁徽州，山越文化和中原汉族文化在自然、社会等多种条件的影响下，逐渐形成了独具地域特色的徽州文化。

从山越人以伐山为业、刀耕火种以来，经过漫长历史的演替，徽州地域社会结构趋向稳定。随着有关文献、文物的发现、发掘，徽州文化的形成轨迹也逐渐浮现在人们的视野，对徽文化在当下的发展有着实质的意义。对徽州文化发展历史的考察，大致可划分为四个阶段：先秦两汉越文化发展阶段，晋至五代越汉文化融合阶段，宋、元、明新安文化阶段，明后期至清的徽文化繁荣阶段。

1）先秦两汉越文化发展阶段

炎黄帝时，越族祖先即居于长江下游一带，生息于斯的古越人民，其图腾崇拜、集居农耕的生活，可以从近些年出土的先秦时期古越族陶器上得到证明，陶器上的

---

① 朱国兴，余向洋，胡善风，等. 基于流视角的徽州文化发展研究[J]. 人文地理，2013，28(5)：49－53.

② 叶舟. 清代地域学术的互动：以常州与徽州的学术交流为例[J]. 安徽大学学报(哲学社会科学版)，2018，42(3)：9－14.

鸟纹、太阳纹等图腾也反映了当时农业、手工业发展已有一定水平①。虽少有史料确切记载，但随着考古出土文物等文化遗存的陆续被发现，人们将逐步加深对这一阶段文化的了解。

2）山越文化阶段

从战国到东汉，"山越"一词最早见于《后汉书·孝灵帝纪》②。徽州秦时即置黟、歙二县，但仍属古荒芜之地（距京师两千到两千五百里的边远地区），山越民族"勇捍尚武"，被称作"蛮越"。孙吴征战徽州山越后，公元208年始立新都郡，置六县。黟、歙等地的文化同根性与地理边界的一致性得到统一，打断了山越经济社会的独立发展，为汉越文化融合埋下了伏笔。我们从徽州傩舞、徽州建筑等可发现这一时期的文化遗存。

3）新安文化阶段

自太康元年（公元280年）设立新安郡至南宋。中原战乱频繁，世家大族或迷恋徽州山水、或看中徽州地势隐蔽，纷纷迁入徽州。几次大规模的入徽氏族达近80个姓氏，大大加快了汉文化对山越文化的整合。这些中原士族在徽州"每一村落，聚族而居，不杂他姓。其间社则有屋，宗则有祠……"③，形成了特征鲜明的徽州宗族形态，改变了徽州人口、经济结构，社会习俗发生了巨大变动。

新安文化以新安理学孕育出的宗族文化为核心，以儒家伦理为规范，以新安郡的设立为标识，在新安江流域（黟、歙、绩甚至淳安、建德等）形成的极具徽州地域特色的新质文化（包括严宗族、尚祖祭、文风昌盛等）表明徽州文化开始走向成熟。

4）徽州文化阶段

自南宋始至民国。第三次大规模中原民众徙入徽州是在靖康之乱后。在前一阶段形成的新安文化基础上，徽文化持续生长、成熟，至明清时期兴盛。

徽商自南宋崛起，于明清年间达到鼎盛，是徽州地区一个特殊的群体，有着特殊的内涵，它形成于新安文化整合完成之后。背负着宗族文化的"徽骆驼"，自小便深受徽文化的熏陶，有着冒险犯难的"武劲之风"、吃苦耐劳的创业精神，足迹遍布海内外，为徽州社会的演进塑造了坚实的底层经济基础。同时，徽商更是徽州文化的重要创造者。

徽州文化以"新安理学"为理性内核，在文学、绘画、建筑、科技等众多领域内成

① 张小明.古越族原始信仰与徽州民间巫术[J].贵州民族研究，2017，38(4)：202-206.

② 柏家文.皖南徽州山越族文化消融与其汉文化趋同路径[J].贵州民族研究，2014，35(7)：179-182.

③ 程庭.春帆纪程[M]//程庭.若菴集.[出版地不详]·[出版者不详]，1891.

就非凡[1]。徽州籍文学家阵容空前庞大，徽州科技取得瞩目成就，徽州绘画在新安徽派的基础上得到进一步发展。这一时期的徽州文化，包含了我国的封建社会特征、徽州地域文化特色以及大融合情境下的文化魅力，是中华文化在古今之间跨越的一道美丽的绽放。

3.2.2 徽文化表现形式

洛特曼认为"文化是用特定方式组织起来的符号系统（符号域）"，即人类对世界进行物质与精神改造的符号化活动的总和[2]。人类对在实践中获得的直接体验以文化文本的形式展现，因此，文化文本更是文化传承与创造的载体空间[3]。文化是文本符号的核心与基础，文本符号则是文化的表现[4]。因此，徽文化的表现形式可以通过符号域和文本的形式进行解读。

徽文化是徽州人民在特定历史背景、自然环境、文化根基等基础上经过长时间历史积聚形成的特定的集体记忆，是用特定方式组织起来的由仪式文本、儒商文本、宗教礼法文本等组成的动态的、富于创造性的符号域。

徽文化符号域具有多语性、边界性等特点。多语性即徽文化是附着在自然语言或其他语言上实现着各自不同的对现实的认知与交际的功能，主要体现在徽文化多元与多功能的特征上。如由自然语言建构的徽州文书文本、契约文本、方志文本、谱牒文本、词曲文本等，承载和传递着徽州文化信息；而由非自然语言构筑的祠祭、家祭等仪式文本和臭鳜鱼、歙砚等多类型的实物文本，则记忆和传承着徽文化的历史和秩序。边界性主要体现在徽州地域文化的特殊性上，边界限定阻碍了外部因素对徽文化符号域的渗透，保障了徽文化文本的独立、自主、特色的自身发展。

徽文化文本以"宗族礼法""徽商文化""崇儒尊孔奉朱"等为核心，具有史料、诗歌、俗语、仪式、民俗等多元文本形式（表 3-1）。就意义和功能来看，徽文化文本具有多功能性，如祠祭，即是对祖先的崇拜，也是对血缘和亲缘关系的重视，还是孝道的体现；此外，徽文化文本还呈现出层级性，如以庙祭的对自然、神灵的崇拜为基调，衍生出镇邪消灾、祈丰、祈雨、庆丰收、娱乐、表演等多种文化意义和功能。其发展变化源于符号域的碰撞与交流、文化文本之间的对话。在文化文本自身交际模式中，徽文化各类型文本完成了"自我复制——引入新的组合——完成新的解

① 梅立乔．晚清徽州文化生态研究[D]．苏州：苏州大学，2013.
② 陈戈．论洛特曼的文化互动理论[J]．解放军外国语学院学报，2007(4)：109-113.
③ 康澄．文化生存与发展的空间[D]．南京：南京师范大学，2005.
④ 张慧贞．文化互动理论视域下中韩中秋文化符号探析[J]．东疆学刊，2020，37(2)：18-23.

读——产生新的意义”，这是一个自我解读、自我反思的过程。而在徽文化文本与其他文化文本的交际模式中，重在接受外来文化信息，从而衍生出崭新的文化文本，丰富徽文化的内涵。

散落在徽州大地上众多的传统村落无疑是徽文化中最有标志性、象征性与符号性的表现。徽州传统村落中民居、祠堂、园林等物质遗产，以及民风民俗、祭祀仪式等非物质遗产，无不深深受到徽文化的影响，是徽文化文本的有机组合。徽文化在村落中的符号化表现首先便是其选址与整体布局。在徽州现存的族谱或村志中，几乎都记载着某始祖卜居于某吉地，“无村不卜”“枕山环水面屏”的堪舆文本深深根植于徽州人民的思想之中。而村落的布局形态更为直观地显示了徽州人民的环境意识、聚财观念与生态智慧。徽州传统村落的选址与布局有着特指的价值内涵，逐渐被认可与理解其超乎物质表象的意义，成为典型徽文化符号。

徽文化的形象表现无处不在，马头墙、天井、粉墙黛瓦、徽州三雕等文本共同组成了徽派建筑的直观表现；贾而好儒、徽骆驼、无徽不成镇等文本生动地展示了徽商形象；祠堂、家祭、族谱等文本清晰地展现了徽州宗族社会结构；叠罗汉、板凳龙、打秋千等文本重现了徽州民俗鲜活的生命力。而这些正是徽文化多元发展的内容内涵，其表现形式分布在文学艺术、宗教、民俗、经济等各个领域无限丰富的文化遗产之中(图 3-2)。

表 3-1　徽文化文本类型及功能意义

<table>
<tr><th>文化文本</th><th colspan="2">文本类型</th><th colspan="2">功能与意义</th></tr>
<tr><td>庙祭</td><td rowspan="10">祭祀文本</td><td rowspan="4">宗法文本</td><td rowspan="10">祭祀；
镇邪消灾；
迎福纳祥；
祈求风调雨顺、四季平安</td><td>神灵崇拜、自然崇拜</td></tr>
<tr><td>祠祭</td><td rowspan="4">祖先崇拜、
儒家“孝敬观念”</td></tr>
<tr><td>墓祭</td></tr>
<tr><td>家祭</td></tr>
<tr><td>叠罗汉</td><td rowspan="6">民俗文本</td></tr>
<tr><td>打秋千</td><td rowspan="5">娱乐</td></tr>
<tr><td>傀儡戏</td></tr>
<tr><td>板凳龙</td></tr>
<tr><td>绩溪余川舞龙</td></tr>
<tr><td>黎阳仗鼓</td></tr>
</table>

续表

文化文本	文本类型		功能与意义	
负阴抱阳	风水堪舆文本		村落选址营建	阴阳学说、生态智慧
觅龙察砂观水点穴				
藏风聚气				聚财观念、环境意识
徽派建筑	建筑文本	徽商文本	促进徽文化文本发展、维持文化秩序	居住
徽州三雕				装饰
祠堂		祭祀文本		祭祀、维系宗族
牌坊		宗法文本		表彰、纪念
马头墙		风水堪舆文本		防火、装饰
四水归堂				适应气候、满足精神需求
徽州文书	文学文本	制度文本	文化传承	订立协议、维持社会秩序
契约				
谱牒		实物文本		维系宗族、记录社会变迁
歙砚				工艺传承
书院		建筑文本		教育、文化创造
徽商会馆	徽商文本		促进地区发展	宗族观念的体现
商帮		徽商文本		
路会		制度文本		
贾而好儒、商而兼仕				儒家文化的影响
大方茶		民俗文本	感恩、分享、招待	
徽剧	戏曲文本		祭祀、娱乐、表演	文化传播
麻衣龙				儒学、孝道
目连戏				
宗族制	制度文本		宗法观念	
科举制				政治、儒家文化的影响
佃仆制			封建思想	农事
徽墨	技艺文本		文化传承	传统技艺传承
祁门红茶	食俗文本		商业气息	
黄山毛峰				
臭鳜鱼				节俭、感恩、分享

歙县棠樾牌坊群

西溪南舞龙

歙县阳产民居

黄山区永丰村苏氏宗祠

祁门坑口村木雕

黟县关麓村民居

黟县西递鸟瞰

图 3-2　徽文化表现形态示意

3.2.3 适应演进的社会空间文态

Lefebvre认为，社会空间是社会存在的物化，揭示了抽象化的社会空间是由社会成员日常的实践产物，Gottdiener和Hutchison在此基础上得出"社会—空间"关系即社会和空间的相互作用，空间的安排和结构对社会属性和社会行为产生影响，同时社会群体之间的相互影响，又持续地改变现有的空间结构，进而构建出新的空间秩序，这一过程称为社会空间重构。徽州先贤在适应徽州地域环境过程中形成符合自身发展的认知模型，在此基础上，根据自身实践，不断积累生存经验，修正自适应理论与路径，最终取得徽文化的巨大发展成效，并不断巩固、激励、强化徽文化的理论自信和路径自信。

在徽文化形成发展过程中，等级森严的徽州宗族、崇尚科举入仕的徽籍官员、贾而好儒的徽商都成为历史长河中徽文化演化发展的适应性主体，成为推动其发展的中坚力量。三者间彼此耦合、相互作用与协同，随着徽文化的发展彼此相互演化来支撑、适应徽文化系统的发展，形成徽文化发展的核心机制。据此，可以判断徽文化演进过程中的核心机制基于三大适应性主体可以从两个层次来理解：其一，相互促进、互为成就，三者的演化依靠彼此的演化支持且适应彼此演化，从而得到较快发展，相互受益；其二，彼此调适，通过有效互动强化、固化自身认同感和共同价值取向。其中第二层次的作用机制更为深刻，两个层次的核心驱动机制构成了徽文化适应性系统的内部模型，内部模型的形成过程及其发挥的作用是促使徽文化迈向成熟演进和扩散的重要标志，这些相互作用、相互促进的机制是非线性的，作用结果具有明显的偶然性和不确定性。这种作用结果的可能性和不确定性主要表现在：世族三次南迁规避战乱选择四面环山的歙县和黟县盆地作为栖息地，凭着强大的宗族治理结构不断繁衍取代原住民的民系构成，成为徽州人口的主要构成，具有典型的移民社会特征。虽然随着宗族人口的繁茂，有越来越多的人口析出，但始终无法缓解尖锐的人地矛盾，于是徽州先人再一次在重农抑商的社会环境中选择经商走出徽州，凭借坚忍不拔的徽骆驼精神迅速积累丰厚的财富流归故里，转化为物质资本，如雕梁画栋的徽派建筑和族田、族产等，进一步支撑徽文化的繁荣发展。纵观千年演变，多次徽州先民的重要抉择，都能深刻诠释社会文化系统与地域环境之间及内部各系统、各适应主体之间相互作用的非线性过程，其作用方式与结果也存在着诸多的不确定性。

三个主要适应主体在徽州社会文化演进过程中，通过两个层次的内部模型作用决定了徽文化的演进方向、性质和扩散程度，还规制着徽州社会文化系统建构子系统、建构要素与建构关系，确定徽文化的积木组织及其组合方式，形成积木机制。徽文化的主要构建积木为以新安理学为内核的精神文化，以敬宗法祖为核心的宗族治理文化，以贾而好儒为基础的徽商物质文化。

宗族是徽州传统社会结构的核心。其通过祭祀先祖、光宗耀祖、族规祖训、耕读传家对基层族众的教化、自治、凝聚、生存生产产生深刻影响。相关学者研究表明徽州传统村落宗族呈现庶民化宗族形态特征，祠堂、族谱与族产(族田)被视为宗族组织发展过程中的三大支撑，成为宗族组织的普遍模式，与族长、族规族训交织在一起成为庶民化宗族形态构成要素，这种组织架构在明清时期融入国家的正式体制之中，成为封建王朝在乡村政治制度的重要组成部分。

徽州宗族权力支配的方式有以下三个方面，如图 3-3:(1) 确定边界，构建社会网络。地方府衙、保甲乡约组织、会社等构成了中国传统社会的治理体系，但宗族仍然是徽州地区的基层社会最有效的组织管理者。宗族作为具有明显血缘特征

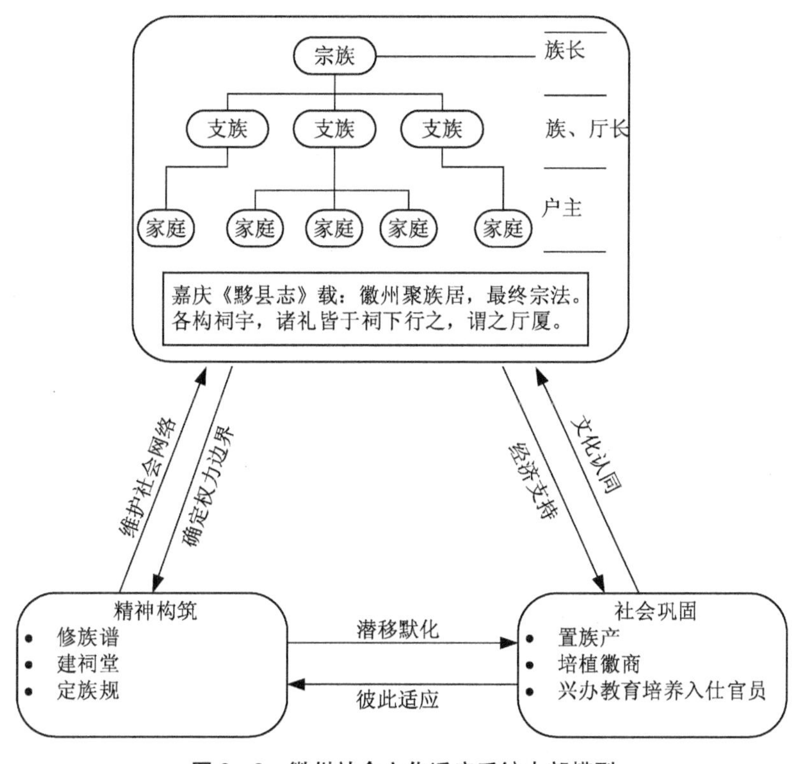

图 3-3　徽州社会文化适应系统内部模型

的政治共同体，明显排斥异姓，均以不同的姓氏凝聚划定社会边界，形成风格迥异的传统村落，这种以姓氏划定的社会边界使各个古村落之间形成了不同的生产生活习俗。这种集中性的村居格局增强了同一边界内的内聚力和抵御外侵以及自然灾害的能力，使族规、家法更加严格，强固了本宗本族的力量。各个家族根据姓氏划定这种明显的居住界线代表了不同的政治活动区域和体系。为了记载以血缘关系为主体的一个家族世系的繁衍和重要人物的事迹，每个家族都要撰写自己的族谱。(2) 培植徽商，提供经济支持。一直以来，徽商与徽州宗族都是唇齿相依的，诸多徽商在经商之前，都会受到族内的支持，即使在离家之后，其家庭成员也会受到宗族的庇护。徽商以崇尚信义、头脑灵活著称，深谙经营之道，采取因地制宜的合作方式，为自己争取了广阔的人脉、市场，也积聚了雄厚的商业资本。在徽商成名之后，资本就从异地他乡向宗族内部输入，“除了构筑祠堂、增置祭田、纂修谱牒，通过尊祖敬宗在精神上强化宗族血缘纽带之外，更重要的是不惜以重金购置族产，如购置土地作为公产，用来扶弱济贫，泽披族众，为宗族聚居提供物质基础”。为了培养政治势力，徽商也常常捐赠财力以修建学校，让宗族子弟“不废诵读”。徽商作为徽州宗族内部培养出来的巨商，这一系列的内外支援和互补都是徽州宗族社会一方努力做出的维护政治共同体稳定的有力举措。把宗族内部的徽商作为一个特殊群体抽出来看，它对于加固宗族一方的秩序和增强边界一方手中的权力能量起着不可或缺的作用，而借用徽商之力壮大族权的情形也成为宗族权力的一大特色。(3) 重视教育，加强文化认同。魏晋时期的中原士族作为徽州宗族的始迁祖，自古以来就有崇文重教的传统。明清时期是徽州教育的鼎盛时期，新安理学在徽州地区影响颇深，宗族通过族内子弟教育，进行一系列有目的性的熏陶，促使族人整体文化素质的提高，使那些有才学的族人走上仕途或外出经商，要么光宗耀祖，要么为宗族提供经济支持。徽州宗族大力发展教育的目的亦很明确——保持自身的望族地位或者及早进入望族之列。宗族对教育的投入和支持，使个体产生强大的内心归属感和团结力，增强了本宗族的凝聚力。形成了以对外防范、对内守护的文化排斥性和内整性为主要特征的宗族群体文化。

总体来看，徽州社会具有“历史悠久而传承性强、严格的聚族而居的宗法社会结构、天人合一的居住思想、深厚的宗族观念、开放的思维方式”，使得徽文化成为中国封建社会的文化标本。在传承优秀中华文化的同时形成了鲜明的地域文化标识系统和符号系统。特色鲜明的徽州传统村落成为徽文化标识的积聚区，是徽文化的主要空间载体，其所营造出来的各类人工物质景观和非物质文化氛围都集中展示了徽文化的标识且广布徽州全境。

3.3 徽州地域自然空间生态

3.3.1 山脉起伏、盆地穿插

徽州地区有六大主要山脉，分别为黄山、牯牛降、五龙山、白际山、天目山、大会山(图 3-4)。其中 64%的山脉高约 1 332 m，其余高约 1 131 m。谷地和盆地被山水穿插分割，错落分布，盆地面积多在 100 km^2 以上[①]。

徽州地势起伏变化大，其中适于居住生活的主要是面积占比较少的盆地，包括休歙盆地、黟县盆地、练江谷地等。休歙地区是盆地聚集区域，横贯休宁—屯溪—岩寺—歙县，最低点即休屯盆地，海拔多在 100～200 m 之间，地势较为平坦，地理条件优异，人口分布集中。

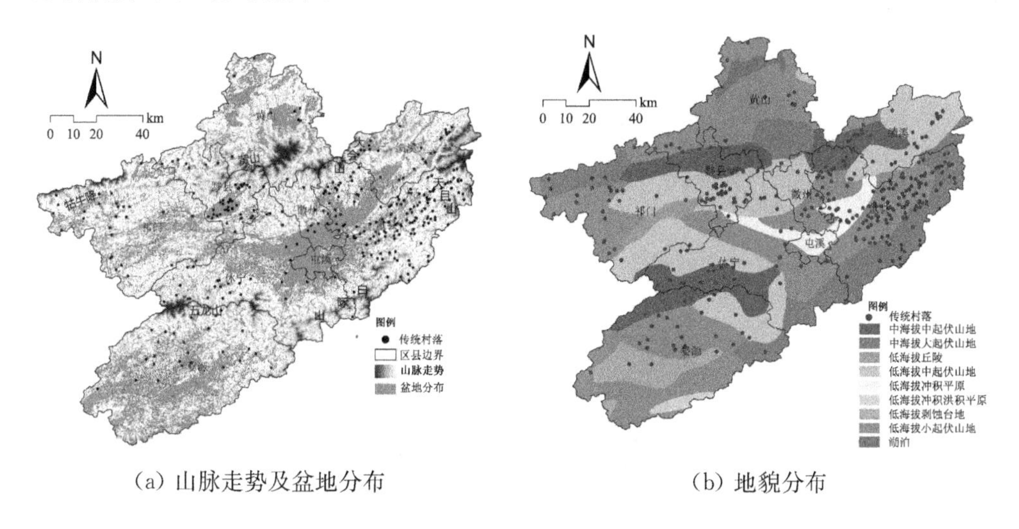

(a) 山脉走势及盆地分布　　(b) 地貌分布

图 3-4　徽州地形地貌

徽州地区总体地势海拔较高，基于徽州 DEM 数据，借助 ArcGIS 空间分析工具，从而得到各传统村落点的高程信息(图 3-5(a))。分析发现，海拔在 200～400 m 之间的丘陵盆地分布的徽州传统村落数量最多，共有 165 个，占全部村落的 50.77%；其次是 50～200 m 之间的平原谷地，共有 115 个传统村落分布，占村落总

① 刘俊. 气候与徽州民居[D]. 合肥：合肥工业大学硕士论文，2007

数的 35.38％；仅 20 个传统村落处于 600 m 高程以上；村落高程最高的是歙县许村镇箬岭村，其海拔达 879 m。在一定高度的山腰上建造村落，既能够避免村落遭受气候变化带来的泥石流、山洪等灾害，也有利于构筑天然屏障，躲避战乱。

根据 DEM 数据处理得到徽州地区传统村落坡度分布(图 3 - 5(b))，统计处于不同坡度区间的村落数量，结果如表 3 - 2 所示。坡度处于 2°～5°区间内的传统村落数量最多，占总数 27％，其次 0～2°与 5～10°内的村落数量较为接近，25°以上的地区内传统村落分布最少。基于 GIS 的坡向分析，统计得到不同坡向的传统村落分布(图 3 - 5c)，结果如表 3 - 3 所示。南向村落最多，共 57 个，占全部村落的 18％，其次为东南、东、西南。徽州地区地形地势起伏较多，因此极少有村落是完全建设在平地之上。综上，徽州传统村落呈现出沿盆地分布的特征。适宜的坡面上

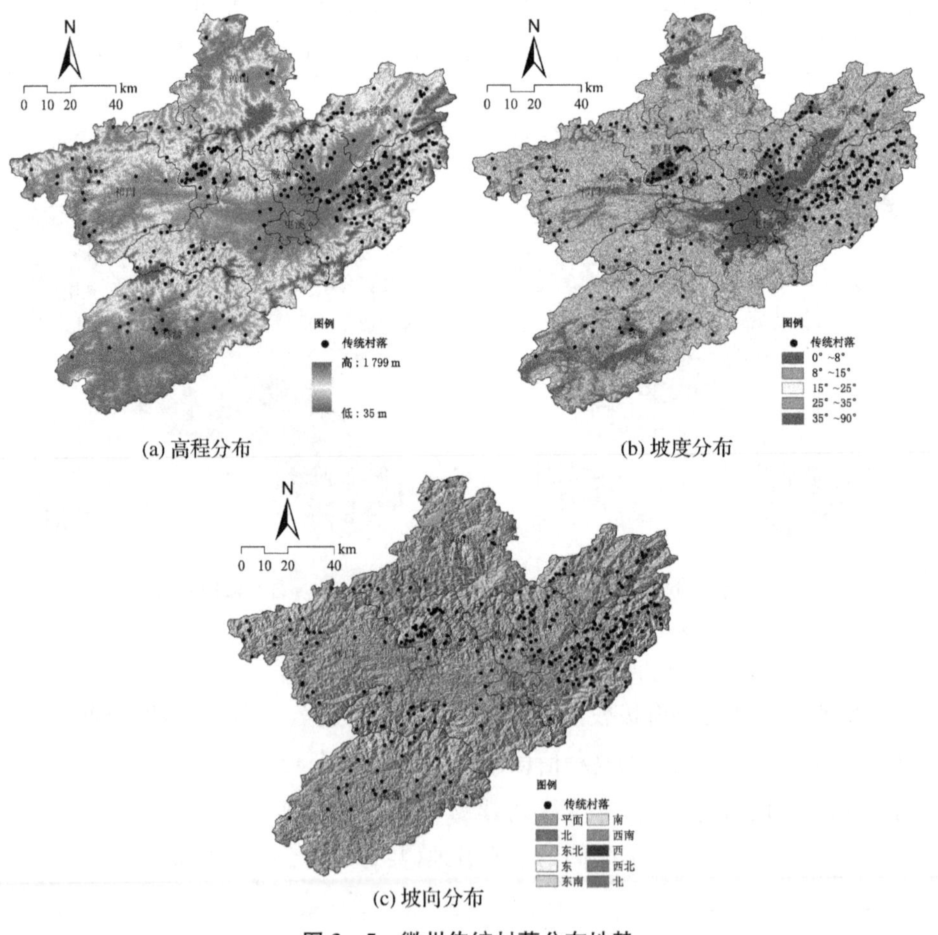

(a) 高程分布

(b) 坡度分布

(c) 坡向分布

图 3 - 5　徽州传统村落分布地势

合理布置聚落空间,极为有效地吸收太阳能,在土地资源稀缺的条件下有利于保障建筑采光。

表 3-2 不同坡度区间的传统村落分布

等级	1	2	3	4	5	6
坡度	0～2°	2°～5°	5°～10°	10°～15°	15°～25°	25°以上
村落数量/个	60	88	64	41	45	27
占比/%	18	27	20	13	14	8

表 3-3 不同坡向的传统村落分布

等级	1	2	3	4	5	6	7	8	9
坡向	平地	北	东北	东	东南	南	西南	西	西北
村落数量/个	7	25	21	42	53	57	41	41	38
占比/%	2	8	6	13	16	18	13	13	12

3.3.2 临水而居、依水而兴

河流是人类生产生活的重要基础,对传统村落的空间分布以及内部格局都有重要的影响。基于 GIS 平台,将徽州地区 325 个国家级传统村落与水系进行叠加,得到徽州传统村落与水系的关系(图 3-6),再利用多环缓冲区分析工具,对徽州地区的水系以 500 m 为间隔进行缓冲分析,统计得到有 174 个村落处于水系 500 m 范围内,占全部村落的 53.54%;有 68 个村落处于 500～1 000 m 范围内,占古徽州传统村落的 20.92%;与水系距离在 1 000 m 外的村落仅 83 个,占总数的 25.54%。绝大多数(74.46%)的徽州传统村落分布在水系 1 km 范围内,传统村落沿水建设、村民临水而居的特征较为明显。

据徽州现存的路程书[①]来看,水路交通在徽州对外联系、贸易等活动中发挥了重要的作用。徽州航道是徽州区域内在江、河、湖泊上通航的水域,由水系、港口码头、渡口等设施组成。徽州航道为徽文化的输出与输入提供了一个新的路径,航道周边的聚落发展普遍比聚落航道较远的聚落要快,同时航道等级高的沿线聚落发展比航道等级低的沿线聚落快。山地起伏与水量充沛的自然条件促进了徽州水网

① 路程图记是传统时代人们外出旅行、经商的必备指南。明清时期大批的徽州人外出务工经商,为此创作、编辑或抄录了大量路程书。

的集中分布，其中有大量地理走线位置优异、河道宽度适于行船、河流水量充沛的水系存在，此类河流成为徽州最早的天然航线，也有部分航线在原始自然的基础上稍微整理即可通航。新安江、阊江、青弋江等水系在历史上为徽州地区提供了重要的与外界联系的渠道，巅峰时期航道总里程近千公里。

徽州航道总体来说有几个显著特征：航线多、港(渡)口多、覆盖范围广、历史地位突出等。航道水系在徽州的地位作用除对外交流以外，还体现在影响城镇、村落的形成、布局上，徽州府所辖五县均是临水布局。

图 3-6　徽州水系

3.3.3　土壤肥沃、资源富足

基于 GIS 平台，提取中国土壤数据库中徽州地区的土壤数据(图 3-7)，各类土壤分布面积及其中的传统村落数量统计如表 3-4 所示。徽州地区红壤分布最为广泛，集中于丘陵地带，占徽州总面积的 64.76%。红壤质地黏重，是亚热带生物气候旺盛的生物富集和脱硅富铁铝化风化过程相互作用的产物[①]，适宜油茶等作物耕种。徽州地区广泛分布的红壤是森林资源丰富的重要基础，还为地区土壤生态安全提供了良好保障，使得徽州人民能够在耕地资源稀缺的情况下从山林中获取生存依靠。根据 GIS 中属性提取的功能，统计得知共有 191 个传统村落处于红壤之上，其次则是水稻土上分布有 60 个传统村落，而潮土、黄棕壤土地上并未建设有传统村落，表明传统村落的分布与土壤质地属性关系密切，徽州原住民受生产力水平以及建造技艺的制约，多在土壤潜力较好的地域进行活动。主要包括黄壤、黄棕壤分布集中的中低山地区域，土壤肥力高，利于作物生长，且适合烧制青砖，便于就近取材建造屋舍。

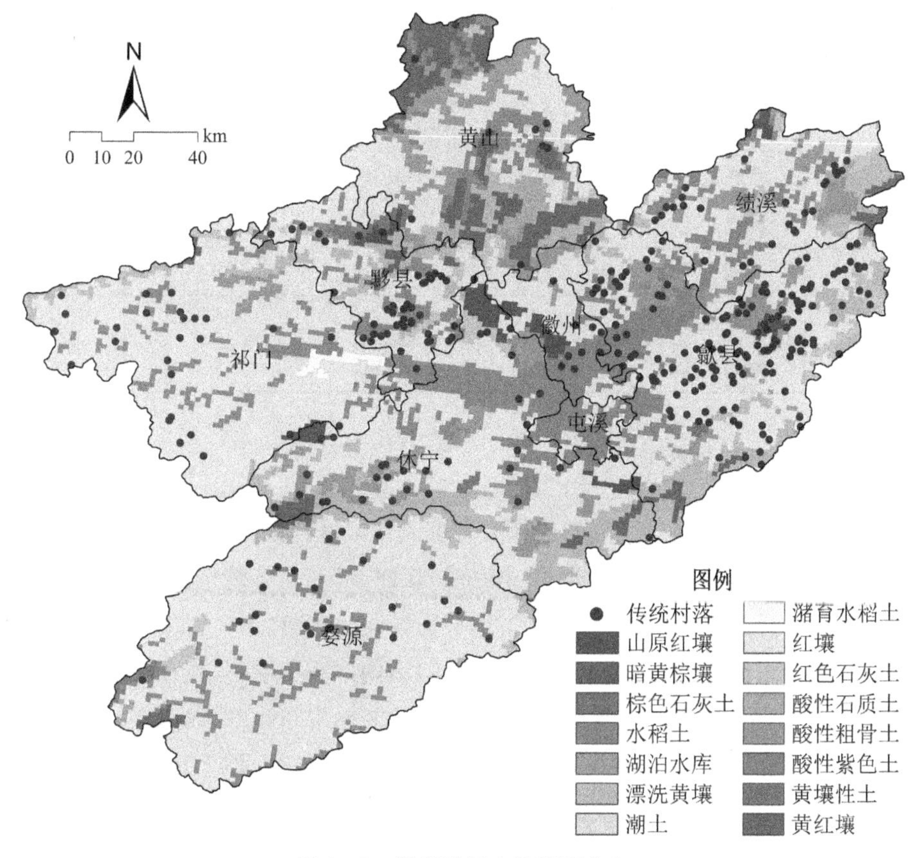

图 3-7　徽州地区土壤类型分布

① 蒲境，史东梅，娄义宝，等. 不同耕作深度对红壤坡耕地耕层土壤特性的影响[J]. 水土保持学报，2019，33(5)：8-14.

表 3-4 徽州土壤类型面积与传统村落数量统计

土类	土壤亚类	土地面积/km²	占比/%	传统村落数/个	占比/%
红壤	红壤	8 409.92	60.59	180	55.38
	黄红壤	371.90	2.68	4	1.23
	山原红壤	206.73	1.49	7	2.15
水稻土	水稻土	1 503.33	10.83	60	18.46
	潴育水稻土	33.30	0.24	0	0
石灰(岩)土	红色石灰土	257.12	1.85	10	3.08
	棕色石灰土	57.90	0.42	1	0.31
紫色土	酸性紫色土	513.60	3.70	14	4.31
石质土	酸性石质土	95.86	0.69	4	1.23
粗骨土	酸性粗骨土	865.35	6.23	32	9.85
黄壤	漂洗黄壤	1 178.42	8.49	11	3.38
	黄壤性土	23.57	0.17	1	0.31
潮土	潮土	5.04	0.04	0	0
黄棕壤	暗黄棕壤	235.14	1.69	0	0
湖泊水库	湖泊水库	123.82	0.89	1	0.31

3.3.4 温暖湿润、气候宜人

徽州处于北纬 30°附近，属亚热带湿润季风气候区。根据国家气象科学数据中心提供的地面气候资料月值数据，集中安徽、江西、浙江三省的地面站点数据，使用 GIS 的插值分析方法，得到徽州地区多年平均气候分布图(图 3-8)。

徽州地区雨量充沛，热量丰足，光温互补，境内四季分明，气候温润宜人。年平均温度 10.5～17.6 ℃，年平均降水量为 1 646.09～2 635.22 mm，年平均湿度在 75%以上，年均日照达 1 573 h 以上，日均日照时间约 4.3 h 以上，其气候特点概括为“温差小、雨量大、日照足、云雾重、湿度大”。气候条件对徽州民居建造有着重要影响，包括其选址、朝向、结构布局等，其中天井的建造就充分考虑了地域气候特征。

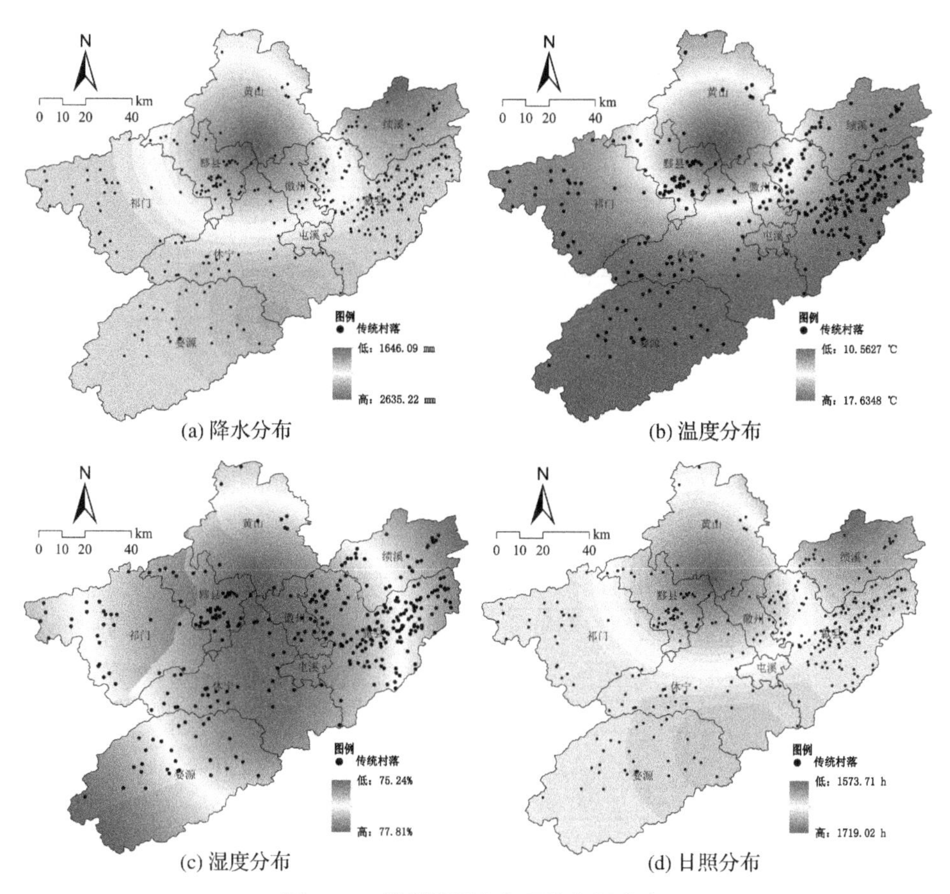

(a) 降水分布

(b) 温度分布

(c) 湿度分布

(d) 日照分布

图 3-8　徽州地区多年平均气候分布

3.3.5　系统协调的自然山水生态

天人合一中的“天”是指自然，“人”是指社会，强调尊重自然、顺应自然。在长期的社会发展实践中，儒道思想、礼法制度、建筑风水等理论都对徽州地区传统村落的选址营建起到了指导作用。其中，风水思想是一种处理人与环境关系的方法，它通过考察地形、气候、植被、水文等自然因素是否符合理想的居住环境，在此基础上通过改造环境满足人们的心理需求(图 3-9)。

传统村落的选址以“枕山、环水、面屏”的理想风水环境模式为指导，形成“背山面水、左右维护”的生态聚落，村落在与环境适应演进的过程中逐步衍生出与自然相协调的形态表征，隐喻“效法自然，天人合一”的思想。从适应自然要素的角度来考虑，村落的仿生布局形态，也有利于辅助村民在对自然造成最小影响的情况下更

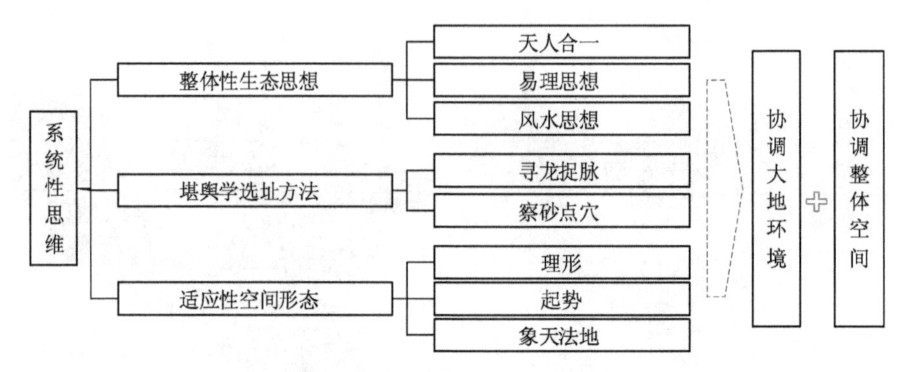

图 3-9 村落选址的系统性思维

好地生产与生活，同时能够最大限度地利用自然条件。此外，仿生布局形态还表征着村民对于自然的美好寄托。总结下来，选址所考虑的因素主要有以下三个方面(图 3-10)：

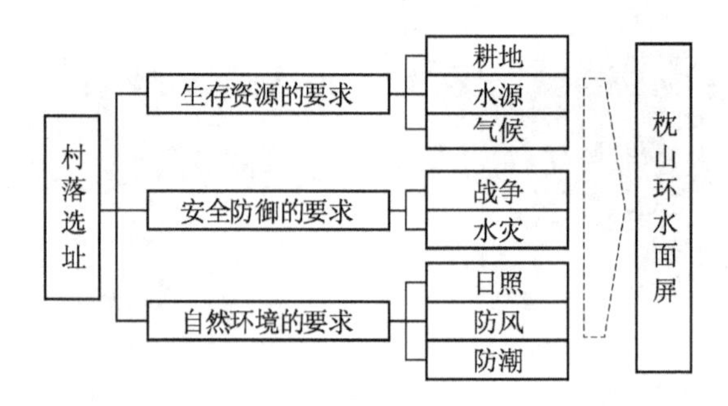

图 3-10 村落选址考虑要素

一是生存资源的要求。在农耕社会，耕地、水和自然条件即是最基础的生存资源，是村落传承演进的决定性要素。因此，土壤、地形、水源、光照等是徽州民众选择居住地的首要衡量条件。村落建设并非随便将山挖掉、将池塘填平，而是因地制宜、因势利导。盆地多用来耕种，民居则紧邻盆地、建于山脚地势稍高处。山体多种植经济林木。河流、小溪等水系，则出于堪舆思想、生活需求等方面的考虑，在人为引导下流经村庄与田地。

二是安全防御的要求。徽州地区村落选址衡量的主要安全要素是战争与水灾，村落选址与布局的形态始终贯穿防御思想，常依托自然生态表现出自发退让、自然引导以及自觉改造的生态智慧，从而达到避险防灾、趋利避害的状态。自发退让是出于对自然环境的敬畏，在面对灾害时，人与自然环境的关系表现出被动适应的模式，以退为进与自然环境和谐相处；自然引导即顺势利用，化不利为有利条件营建乡村聚落，人与自然表现为较高的和谐状态，从而趋利避害。

三是自然环境的要求。徽州村落在选址时多出于对日照、安全等要素的考虑而选择南向缓坡或山谷内开阔阳坡，其能够起到一定的防风、避寒的作用。开阔的环境也有利于村落获得光照条件以及良好的景观视野效果、相对封闭的安全环境。此外，水系在保障生产生活的同时加强了村落与外界的沟通与联系，并增添了村落的景观情趣与气候适应性。

传统村落所依托的自然环境是村落生存和发展的重要条件，也是乡村生态环境的本底条件，它具体包括地形地貌、耕地环境、气候条件、资源储备等，关系到人们的安全、健康以及在生活生产中的物质摄取，也奠定了传统乡村生态智慧的基础（图 3-11）。首先，徽州传统村落善于将山川河流纳入精神世界，通过观山察水利用相地理论进行村落选址，形成人居空间与山水互动的整体性格局，并影响聚落内外的规划布局。其次，传统村落的形成也是农耕时代人类聚居的产物，生产与生活所需的耕地及其他资源储备也皆受限于自然环境，奠定乡村聚落的诞生。最后，落后的认知条件使得传统乡村聚落的先辈在遵从万物有灵的同时，顺应并且利用自然环境，因地制宜进行营建。在这样的自然条件下，衍生出聚落空间与自然环境并重的生态智慧。

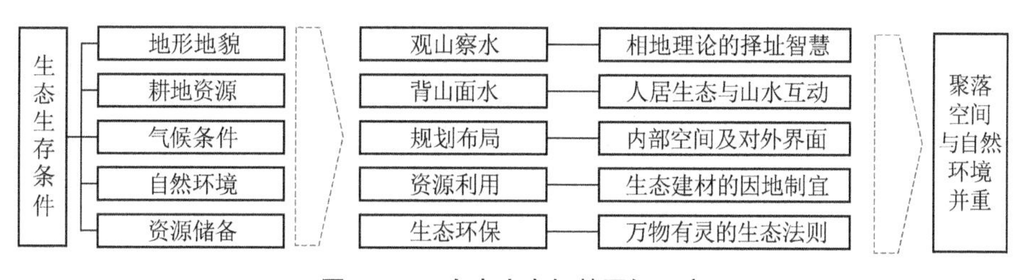

图 3-11　山水生态智慧图解示意

在与自然博弈协调的过程中，徽州传统村落自发地形成独特的社会经济信仰体系、独特的人地互动方式以及平衡有序的生态系统。在这一过程中所衍生出的村落生态营建智慧，包括了“天人合一”的生态和谐智慧、“因利而为”的生态发展智慧以及“避险防灾”的生态安全智慧等内容。“天人合一”隐喻“效法自然，天人合一”的自然生态主义思想；“因利而为”凸显了徽州人民对自然资源的珍惜与利用、对生态本底的保护与共生；“避险防灾”集中了徽州人民建造村落时的抵御战争、防洪排涝、防旱消防等的生态安全思想。主要体现在传统村落的选址、形态、布局、建造，以及生产生活、安全防灾等方面，构成了徽州传统村落生态营建的基本模式（图 3-12）。

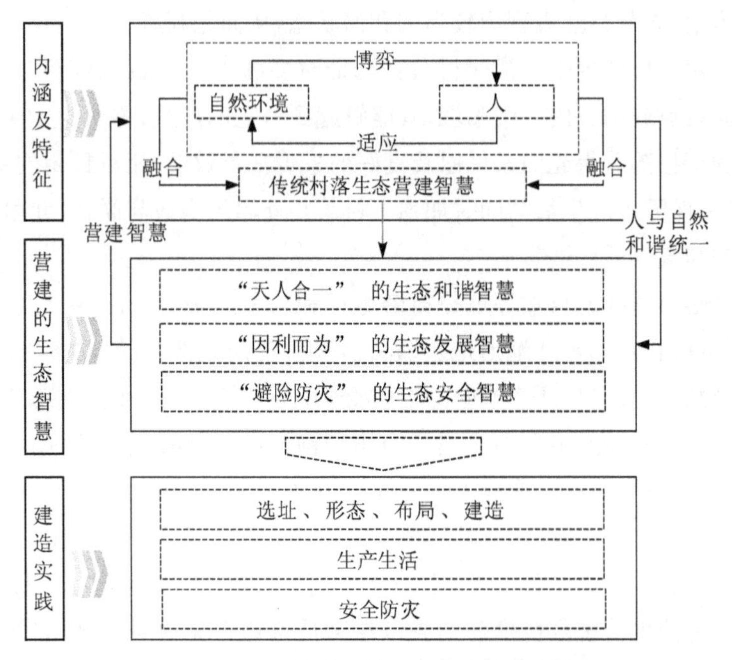

图 3-12 徽州传统村落生态营建的基本模式

3.4 徽州传统村落空间形态

徽州先民在全面考虑山水生态条件后，对区域内传统村落的选址讲究因地制宜，尤为注重风水。“顺应自然、效法自然”以及“背山面水、负阴抱阳”的生态理念使村落与山水融合，创造了舒适宜人的村落环境。

3.4.1 环境影响的村落形态

徽州早期传统聚落随着中原移民以及人口的繁衍逐渐饱和，开始在区域内二次迁移建立新的聚落，其集居与扩散的基本模式在适应自然环境的过程中逐步形成不同类型传统村落空间组织形态(图 3-13)。① 散居型：形成的主要原因有两个，其一是因山就势，分散布局，其二是与当时的佃仆制度有关。前者因为地形复杂、气候特殊、安全堪舆、交通闭塞等最容易形成散居型聚落。如休宁县黄村位于山区中，聚落包括南北两个组团，有一条古道连接，组团没有等级区分，规模均较小。后者是关于当时的佃仆制度，受传统等级制度影响，中原世家仆从随迁来此，佃仆居住的房屋必须处于聚落的外围，形成一主一从两个组团，这样的群居者的生

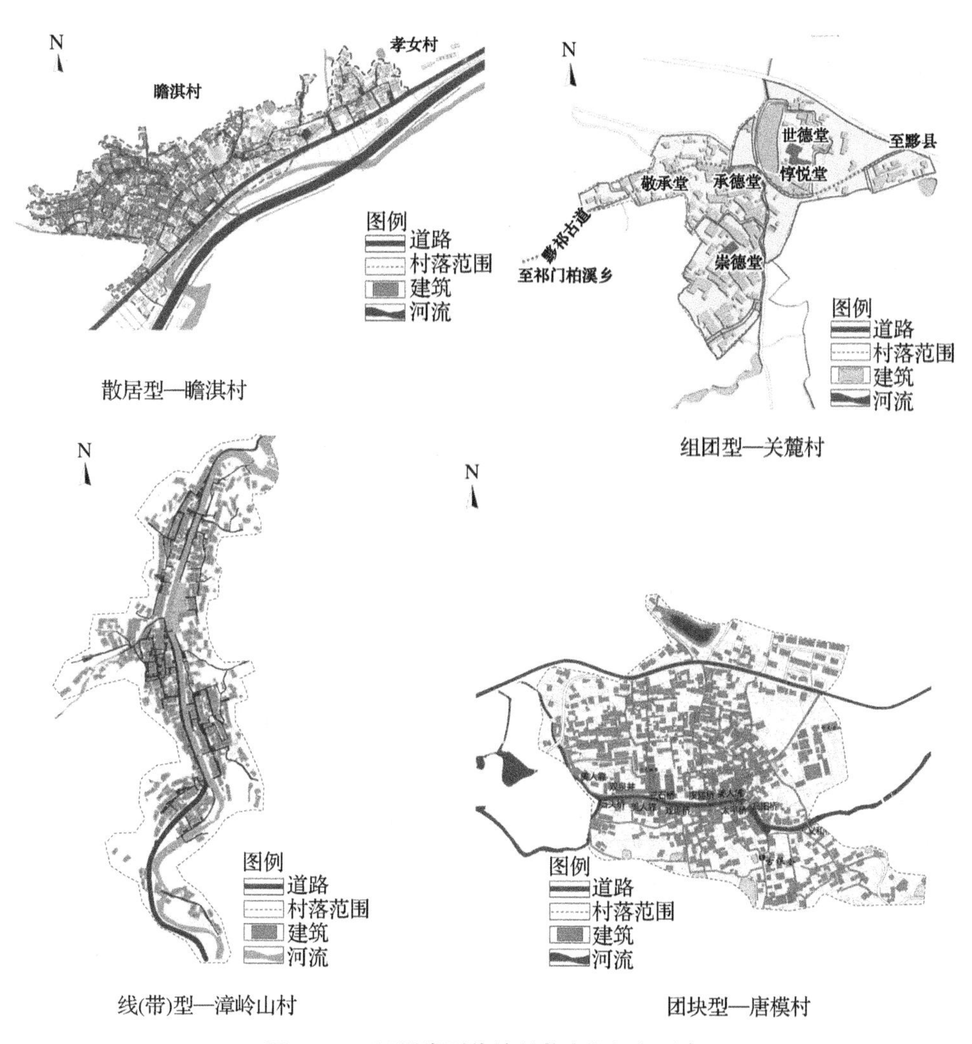

图 3-13　不同类型传统村落空间组织形态

活的环境称为“庄”，如歙县的蓄村、瞻淇村等。② 组团型：平面形态大多呈不规则的多边形，规模相近。这种布局形式的传统村落，受地理条件制约，用地紧凑，住宅安排集中，有着较强封闭性。根据《绩溪县志》的记载，组团型传统村落占全县集居型传统村落的80%以上。③ 线(带)型：多分布于山麓、谷底或河畔。徽州地处山区，山麓位于地势较高的坡地，既可以避免洪水的侵扰，又可以俯瞰田畴；山谷间多有涧溪流过，便于生产生活。这两种地形都是孕育线状聚落的主要地形。④ 团块型：是徽州丘陵山地区集居聚落的一种主要形态，一般呈不规则多边形，主要存在于盆、谷地中，这种类型布局紧凑，占地少，封闭性强。比较规则的团块型聚落，内部往往伴有方格状道路结构，以保障村落内部通风降温。⑤ 阶梯型：聚落坐落于山坡之上，随着地势的变化多作层级分布。这种聚落布局大致可归纳为两种情况：一种是主要走向与等高线平行，另一种是主要走向与等高线垂直。前者，聚落主干道走向与等高线一致，呈弯曲的带状，坡度变化小，与主干相交的巷道则垂直于等高线，坡度起伏较显著。后者，聚落的干道与等高线相垂直，随着山势起伏，高程变化大，沿着街道两侧布局的建筑物也与地势变化相一致，建筑物的外轮廓线随地形呈阶梯状的变化，使得聚落建筑景观富有鲜明的韵律感[①]。

3.4.2 风水堪舆的自然互动

从徽州聚落发展过程中看，规划选址是第一位，也是最重要的一个环节，明代崇祯年间纂修的《古林黄氏宗谱》记载"基址者何？所以聚庐而托处，亦所以宅身而宅心者也"，强调了基址选择的重要性。依托山形地势，徽州传统村落的基址选择秉承"天人合一"的理念，其内核则是强调人与自然环境的和谐相处，但是并非所有的基址都是理想的风水格局。《明经胡氏龙井派祠规》记载"吉地本自天成，辅相正需人力"，如要形成理想的空间格局，则更需要辅之以合理改造，进行科学利用，让村落以呈"负阴抱阳"之势，因此，风水堪舆学说在徽州大地上大行其道。在村落的建设中，常有的风水改造包括引水、仿生、定向等形式，使环境趋于理想，从而获得与自然相协调的村落营造环境，并保障了区域山水自然的良好生态。

徽州村落营建时善于从整体性的视角诠释人工环境与自然环境之间的和谐关系，在村落营建过程中，基于区域系统出发，以山水生态为根本，促进村落建设与自然生态的和谐共生。

按照风水学的基本空间理论"青龙、白虎、朱雀、玄武，天之四方"，讲求"后忱靠、前朝对、左龙煞、右虎砂"。呈坎村背后紧靠的来龙山为葛山和鲤王山，高大的葛山与西北方向的黄山山脉连成一气，即为呈坎龙脉。右有葛山、长春山为青龙，是为辅；左有盘龙山、下结山为白虎，是为弼；村东有众川河依林而过，河前是开阔的平原，遥遥相对的是灵金山——案山。呈坎村正处在藏风聚气的最佳位置——"灵穴"之中，为理想的"枕山、环水、面屏"风水环境模式(图 3-14)。

---

① 李久林，储金龙，叶家珏，等. 古徽州传统村落空间演化特征及驱动机制[J]. 经济地理，2018，38(12)：153-165.

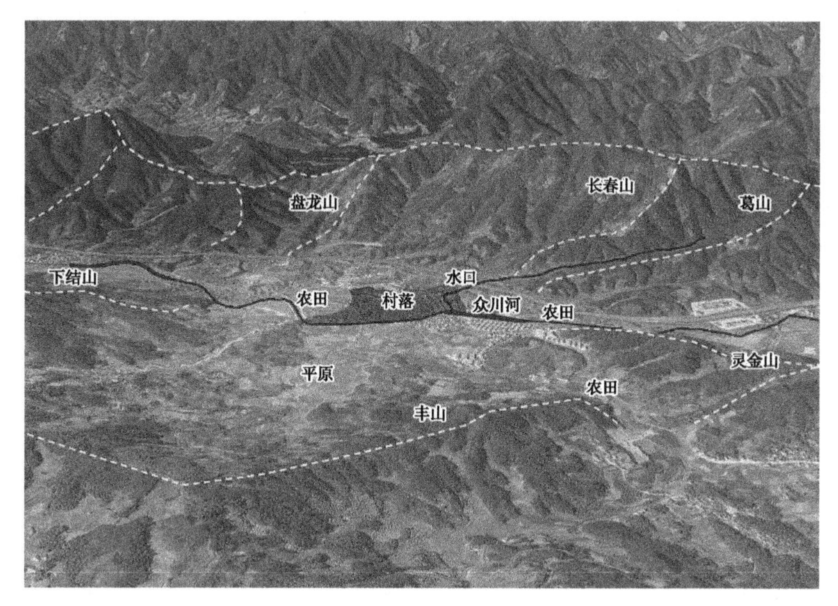

图 3-14　呈坎村空间格局

呈坎的坐西朝东、背靠大山、地势高爽的空间布局在堪舆学说上充分展现着负阴抱阳，阴阳二气统一，蕴含玄机。放在当下的科学解释是，朝阳布局宜于山区生活和取暖采光，背山则因为南方冬天寒风多从北方来，有避风避寒的效果，三面环水为山区生产生活提供极为便捷舒适的条件。

3.4.3　因地制宜的理水精神

“山为骨架，水为血脉”，富有徽州特色的理水观念促进徽州村落空间布局与自然水系结合，合理营建给排水体系，既保障了村民生产生活的用水安全，又有利于改善村落气候舒适度，大大提升了村落人居环境状态，充分体现出生态和谐的精神理念。

水系在促进村落发展的同时，也可能带来一定的自然灾害风险，徽州村落在建造中巧妙综合了自然、安全等因素，保障了村落发展。根据水系与徽州传统村落的不同位置关系，流水与聚落的空间关系一般有三种类型，可以分为环绕型、边缘型、穿越型(图 3-15)。环绕型水系即水系紧紧围绕聚落周边大部分边界，形成围合之势，歙县雄村即为这种类型的典型代表。边缘型指水系位于聚落一侧，与另一侧距离较远，通常对传统村落的景观塑造起到很大作用，如黟县南屏村。第三种类型为穿越型，即水系从聚落中穿过，将聚落分割为不同的区域，如唐模村。水系通常会经过传统村落的空间核心，有着最好的通达性与开敞性。在边缘型水系旁的聚落，空间肌理大多与其毗邻的水系走向关系很大，街巷大多垂直或平行于水系，建筑也依次展开。如传统村落周边有多条水系，则聚落空间会根据不同水系走向发展，形成不同朝向的空间网络，但整合度较高的区域通常向聚落内主要水系方向聚集，此种类型的聚落水系也会成为天然的边界。对于穿越型传统村落来说，传统村落在空间生长过程中是围绕主干水系的两侧进行延展，临岸的两大生活组团联系会更紧密。

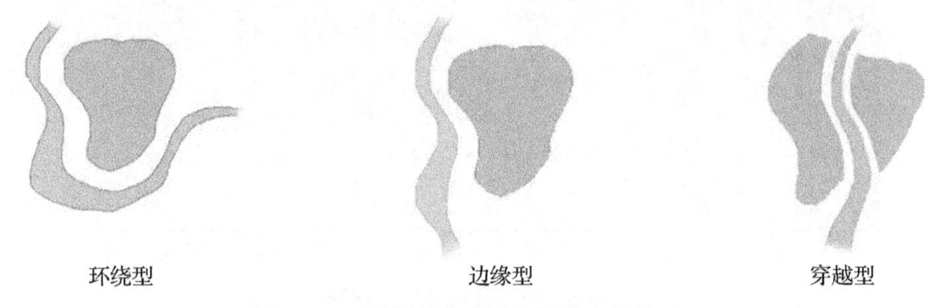

图 3-15　徽州村落水系与聚落空间关系

水系除在村落整体形态上对村落产生影响外，还在其自身节点空间中为村落增色。“水口”源于中国古代最朴素的天文地理观，简言之水流出入的地方，其中“出”谓之下水口，“入”则为“上水口”。继而“上”和“下”幻化为“天门”和“地户”，意喻开源节流。徽州传统村落的精华更在于下水口，这里山环水抱，聚气藏风，才能留住水，留住财气。通过河流与聚落的关系表达徽州先民朴素的天人合一观念。水口作为聚落门户，在空间上属于“门”的范畴。亭、塘、树、桥、堤等元素及组合多被徽州先民用来象征传统村落的门，是传统村落自然空间向人工空间的转承。徽州族人对水口这一独特的聚落空间做了特别的处理，这些特色鲜明的水口承担了聚落空间的导向作用，让村民有归属感。作为空间序列的开端，水口在聚落环境的构建和改造中，相比于其他构成要素更为复杂且更加重要。有的聚落由远及近有多道水口。

每一道水口都建有塔、亭、树、桥，每个水口都对应着相应的辐射范围。通常情况下，上水口的标志相对简单，多见塔、亭、门等，下水口的标志建筑类型则丰富很多，如唐模村水口以树、桥塔、亭、牌坊、池塘等多种元素加以营造。唐模村被誉为“中国水口第一村”，西边的第一座桥俗称“石头桥”，由三块青色条石构成，是沿檀干溪上游进入唐模村的标志，为唐模村的上水口。唐模村水口的精华则是从下水口开始，“起承转合”是唐模村水口空间组织的关键所在。唐模村前，有一棵枝繁叶茂的槐荫树将檀干溪和村口的宾客庇护于树荫下，一座三层八角古亭沙堤亭(水口亭)比邻而立，巨大的牌坊是家法礼制思想的象征，构成的空间是整个聚落序列的开端，即“起”，这里为下面的空间内容提供了足够的暗示。牌坊与高大的树通过溪旁青石板小路到达小西湖的径向所形成的空间，是整个聚落空间序列的疏导和情绪酝酿的部分，即“承”。高阳桥的厚重砖石门洞挡住了本来通透的视野，引导人们须绕过一条小径，即为“转”，使得这种即将到来的空间核心在这种收敛与转折中蕴含“收蓄瑞气”。最后的水街是全村的中心，流水、板桥、民宅、水街檐廊构成了富有魅力的空间，即为“合”，这一完整的由外而内的空间序列，首尾一体形成了藏风聚气的聚合空间(图3-16)。

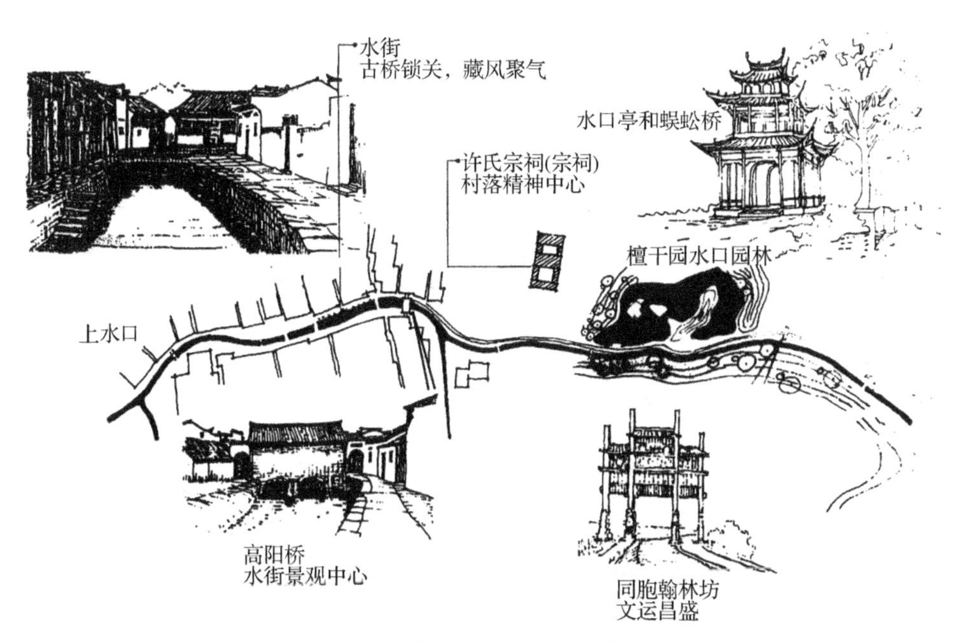

图3-16　唐模村水口空间组织模式示意

3.4.4　地域资源与村落营造

在宏观视域下的村落选址与中观视域下的村落布局中，都充满着徽州人民顺应自然的生态智慧，村落的发展也进入了建筑建造的阶段。而在这一过程中，建筑的选址、布局、用材、装饰等依旧充满着生态智慧的运用。

1）村落边界与肌理

徽州传统村落不同于平原地区的村落，在适应山地走势自然生长过程中，强调“因地制宜、天人合一”，往往是自然中有村居，村居中有自然，注重自然、人工空间的过渡与结合，促进了人工环境与自然环境的和谐相融，但同时也导致了其村落边界相对复杂与模糊。而随着村落不断地发展，村落边界往往是处于变化之中，随着自然演变、社会需求而动态生长，充分展现了与自然的协调性。

徽州传统村落的肌理受自然条件影响而曲折多变。村落内的街巷常与沟渠相伴，在承载着交通、交流活动等功能的同时，还具备良好的排水功能。街巷空间尺度内聚紧凑，空间界面丰富活跃，能够有效遮阳、庇荫、通风降温，集中反映了尊重自然的生态智慧。如呈坎村中街巷高度多处于 1～2 m 之间，宽处达 2.5 m，窄处仅 0.6 m，较窄的街巷能够有效阻挡西晒，达到降温的作用；街巷多由麻石与碎瓦片铺筑，充分展现了地域材料的使用(图 3－17)。

图 3－17　呈坎村传统街巷

2）民居选址与形制

徽州民居的选址与营造也始终在自然生态环境的影响下，坚持着风水堪舆的思想。活水流于宅前，龙山坐于屋后，即为居住的理想环境。

由于山多田少、人多地少的自然限制，徽州民居布局多紧凑、基底小，主要探寻竖向空间，民居多表现为楼房结构，二楼居室能有效防潮，且在暴雨时节可于二楼躲避洪水。其形态同时受南方“干阑式”、北方“合院式”的影响，一般为三合院或四合院的楼居形式，极为节省土地。而徽州民居为顺应自然，多有建筑基地不规则的情况，即在整体对称中存在局部不对称的情形。

徽州古民居还常常依据气候条件，利用朝向、布局、园林、结构、材料、装饰等的差异来改善住宅内部的舒适性。其平面布局基本形制有：“凹”“回”“H”和“日”字形（图 3 - 18）。天井居院落中间，对院落内的采光和通风有决定性的作用。

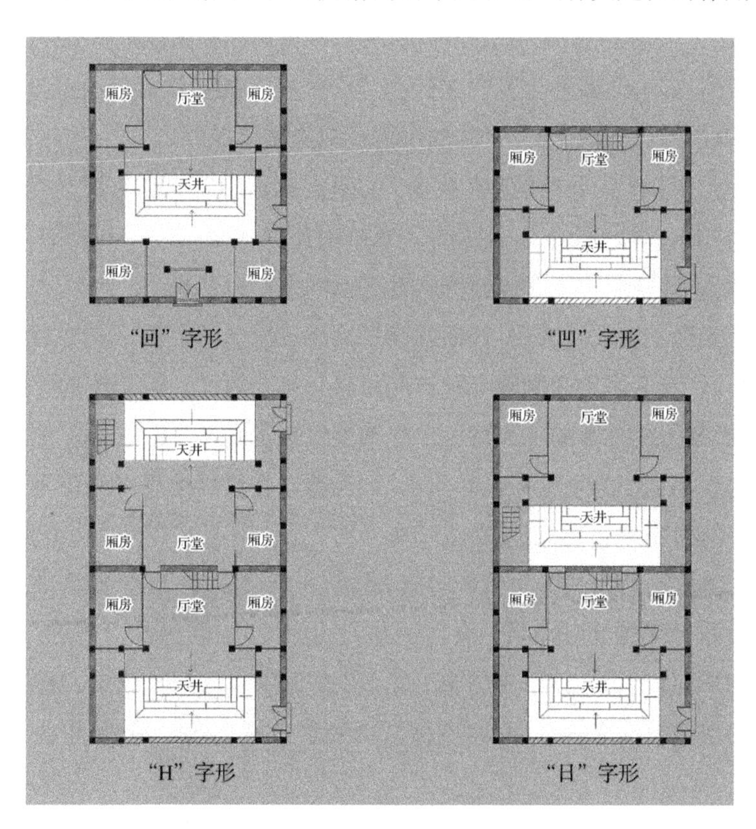

图 3 - 18　徽州民居平面布局基本类型

（来源：安徽古建筑地图）

其中由于地形局限，“凹”字形布局的天井较为狭长，采光、通风作用大大降低。因此两侧敞厢房底层通常开敞，作为天井空间的延伸，同时正立面大门上方位置不再下凹，有些还在该位置开设窗洞，以增强采光、通风。"凹"字形民居是徽州民居中最简单、最经济也是民众广泛采用的一种民居布局。

天井是民居生活的中心，明清时期还出现了在天井中垒砌一方水池的情况，水池具有下泄雨水和满足院落内生活用水的作用。但民居院落的天井面积通常较小，多仅用大石块砌筑出一块低于建筑地坪的区域。天井的建造不仅是出于气候条件的考虑，还蕴含有丰富的风水思想，雨水自四面屋顶流入天井，称"四水归堂"，意味着四方之财涌入家中。此外，天井之中的水池储蓄雨水也象征着聚财、财不外泄。

3.4.5 秩序化的村落肌理形态

新安理学作为徽州宗族思想的理论支撑，一方面固化了宗族的概念，促使人们对氏族的认同，另一方面强化了"三纲五常"思想，将"君臣义"提升到前所未有的高度，形成了森严的等级观念，为宗族的治理权威提供了保障。

费孝通先生在《乡土中国》中认为"在稳定的社会中，地缘不过是血缘的投影"[①]，代表徽州传统村落血缘关系的宗族结构便通过聚落空间组织秩序予以"投影"，具有明显的宗族"位序"格局特征，并在空间上予以呈现。

秉承新安理学的敬宗法祖，宗族明确要求族内成员孝敬祖宗，祠堂作为祖先魂灵的栖息场所，对于宗族的凝聚力和认同感具有重要意义。徽州境内，有祠以千计著称，成为徽州传统村落的一大特色。查阅大量族谱发现(图 3 - 19、图 3 - 20)，气势宏伟的宗族祠堂作为宗族的显赫标志，大多矗立在村落地理中心位置，成为村落的政治秩序的构建中心，为自治提供场所空间。

歙县南屏村是典型的徽州传统村落，也是一个以家族、血缘关系维系的聚落，其布局建设非常重视里坊型制。内部街巷封闭完整，而周边相对开放。村庄内部长短不一的街巷与主要道路一起将山、水、村连为一体，街巷、建筑、院落与周边原野和南部的南屏山形成对景，曲曲折折依山托水，"循自然之理，呈相生相融之态"(图 3 - 21)。

很显然，南屏村的空间布局中所表现出来的强烈的宗族归属感，体现了在生产力相对落后的时期，宗族作为代表同姓的一个政治经济实体参与社会竞争，个体家

---

① 王铭铭，杨清媚. 费孝通与《乡土中国》[J]. 中南民族大学学报(人文社会科学版)，2010，30(4)：1 - 6.

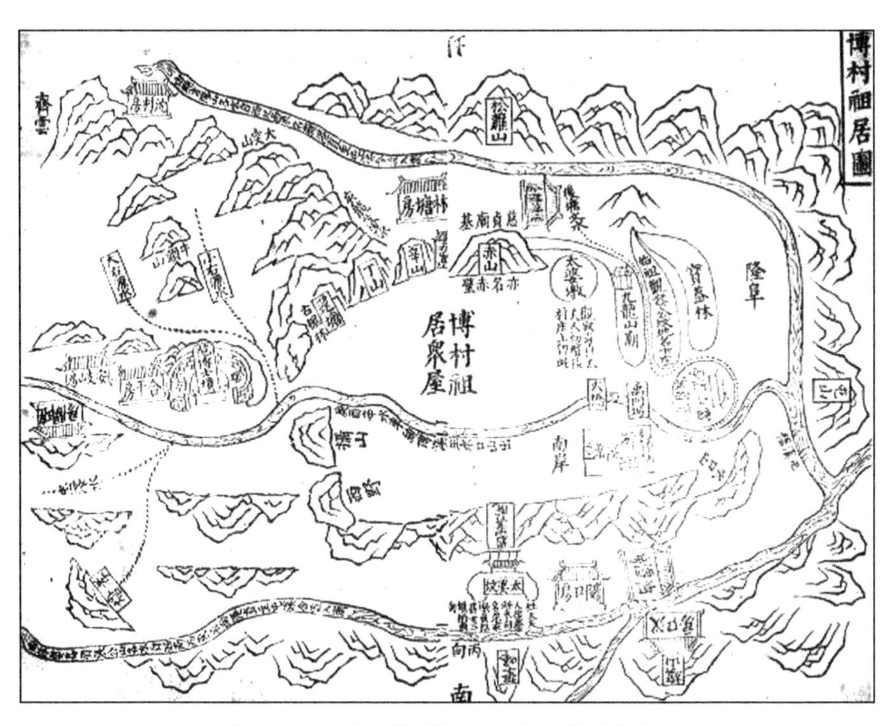

图 3－19　博村村居图(万历休宁范氏族谱)

图 3－20　闵口村居图(万历休宁范氏族谱)

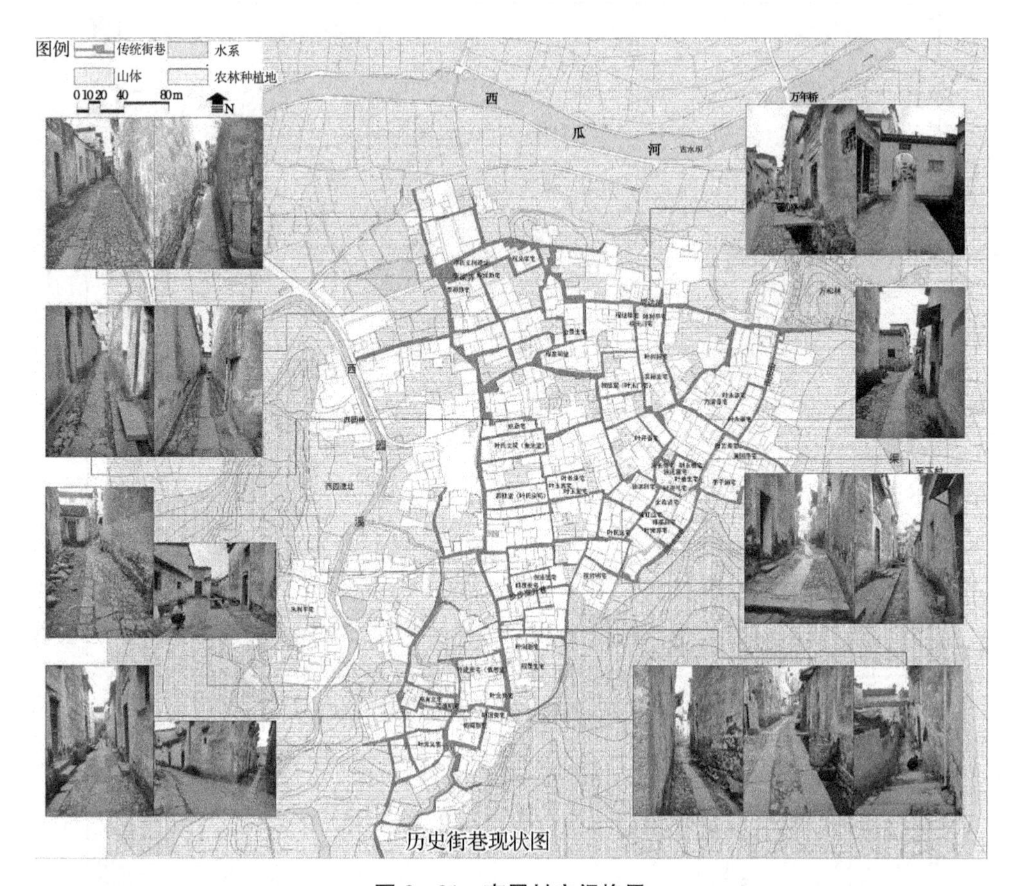

图 3-21　南屏村空间格局

庭自然沦为其附属品，在空间组织序列中自然将最好的空间归于“祖先”，宗族为家庭提供生产生活的安全保障和牢固的依靠，人居环境的发展乃至个体生活追求也就自然让位于宗族的祭祀和礼仪。

这种位序关系继而延续到村落空间的结构与布局，徽州先民在营建村落中按照社会地位、宗族关系及家庭中的长幼原则等渐次形成了聚落空间的中心与边缘结构。与此同时，正是由于在聚落营建过程中的这种社会结构以及外在网络关系，使得不同主体间相互交织、融合，丰富了族里情感和人文关怀，并使之处于动态的演进发展状态。

徽州传统村落空间格局以村落为“表”，宗族为“里”，形成了村落地缘性与宗族血缘性的表里统一，宗族社会与空间的融合不仅为宗族发展繁衍奠定了坚实基础，构建一套完整的基层治理体系，而且成为博大精深的徽文化的发展源泉。

3.5 小结

从徽文化、地域山水生态、传统村落空间形态等方面解析徽州传统村落演进过程特征，其总体格局上的自然智慧主要体现在适应自然生态的系统性思维(规避灾害、理水防水)、赖以生存的生产生活资源的可获取性(耕地、采光、通风、宜居等)，以及对于地域系统如生命过程的整体性认识。体现在社会语义主要是对于宗族精神的敬畏、治理秩序的尊崇以及共同体文化价值取向的认同感。

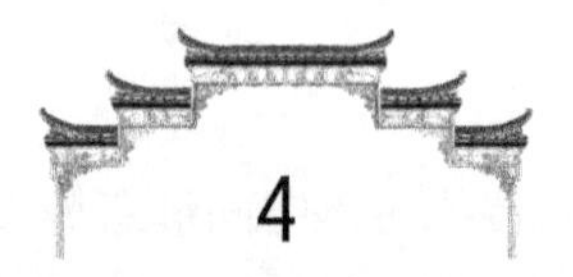

4 徽州传统村落的复杂性认知

徽州地形地貌的复杂性、生态环境脆弱的适应性、社会结构的特殊性以及总体格局上的自然智慧和社会语义均体现出了复杂适应系统理论的特征，充分表现了徽州传统村落历经千年不断进行演化的复杂过程。

4.1 复杂适应系统理论在传统村落中的转译

4.1.1 传统村落复杂适应系统的基本特征

复杂适应系统理论的四大特性（聚集、非线性、流、多样性）和三大机制（标识、内部模型、积木）共同组成了复杂适应系统的七大基本特征。复杂适应系统可以看作以内部模型为积木，通过标识进行聚集等相互作用，以物质、能量流的形式与环境或者其他适应性主体发生非线性的相互影响、相互作用，并层层涌现出来的动态系统。从传统村落的演进过程来看，其本质就是主体作用于自然、主体相互作用相互适应的过程，其具备复杂系统的特征。传统村落系统就是一个融合多维目标、多个主体和多个子系统的开放性的、聚集的、多样性、标签化、非线性发展的复杂巨系统。把传统村落"参与主体"的需求作为研究的出发点，主体之间互动构成"主体资源聚集"，而主体间相互作用的载体则是"要素流"，"特色标识"是影响要素流运作的重要机制，它决定了要素流的方向和活跃度，系统通过主体聚集和要素流持续的共同作用逐步达成发展目标的"多样性"。在达成目标的过程中，不论是主体聚集的过程、要素流的运动过程，还是系统朝着目标多样性的运动过程都普遍存在着"非线性"发展（表 4 - 1）。

表 4-1 传统村落复杂适应系统特征的阐释

基本特征	特征内涵	传统村落系统契合性阐释
聚集	大量主体的聚集相互作用涌现出复杂的适应性行为	传统村落演进过程也是大量主体聚集的过程,多元主体的综合作用使得村落系统演化产生一系列社会、空间等综合响应
非线性	主体与环境及其他主体间交互作用的非线性关系	历经千年变革的传统村落的发展是综合各类适应性主体的行为结果,其过程存在诸多不确定性和曲折性,非线性关系能够描述
流	能量流、物质流、信息流等促使主体与环境及其他主体发生交互作用实现要素转化	传统村落作为一个动态有序的开放性系统结构,需要与外界进行各种物质流交换,通过生态——空间——社会的多层次耦合,使主体与环境的交互作用通过学习提高适应性
多样性	系统不断适应的过程使得主体和环境产生多样性,决定了系统演化的复杂性	宏观层面:地域内不同类型传统村落特征及其环境适应机制具有多样性;微观层面:主体的多样性、组织结构的多样性、主体行为的多样性
标识	适应性系统中具有共性的层次组织结构背后的机制	传统村落主体相互作用存在一个基础,能够识别主体以及环境发展的多样性和层次性特征
内部模型	主体与环境适应实现某项功能的机制,可作为演进趋势探索	传统村落主体与其他建构者交互作用具有特定特征和适应性规律的输入—输出关系法则
积木	独立组件,通过不同要素的多元组合实现系统的复杂性	传统村落系统各主体博弈关系和组合形式的不同,使得系统适应性能力不同,多样性的发展和建设模式不同

4.1.2 传统村落复杂适应系统的基本构成

依据 CAS 理论内涵,传统村落系统可以看作是由多个适应性主体与环境之间相互作用形成的复杂适应系统,系统结构按照宏观构成可以分为四大系统:多元主体系统、自然生态环境系统、社会文化环境系统和聚落空间环境系统①。自然生态环境作为传统村落系统赖以发展的物质基础而存在,是一项先决条件。社会文化环境作为传统村落系统发生发展的社会基础,为其构建了在一定地域范围内高度认同、可识别的文化共同体,如徽文化实验区。聚落空间环境是传统村落系统的空间载体,是具有行为能力的主体从事生产生活的地理空间,是传统村落物质系统与非物质系统发展成果的空间投影。传统村落适应性系统的演进过程是自组织与他

① 李伯华,刘沛林,窦银娣.乡村人居环境系统的自组织演化机理研究[J].经济地理,2014,34(9):130-136.

组织共同作用的结果，其中离不开多元主体的适应性感知和行为，是系统演化的核心驱动力。四大系统之间通过流作用，基于物质流、信息流、能量流的交互实现传统村落系统的有序跃升（图4-1）。

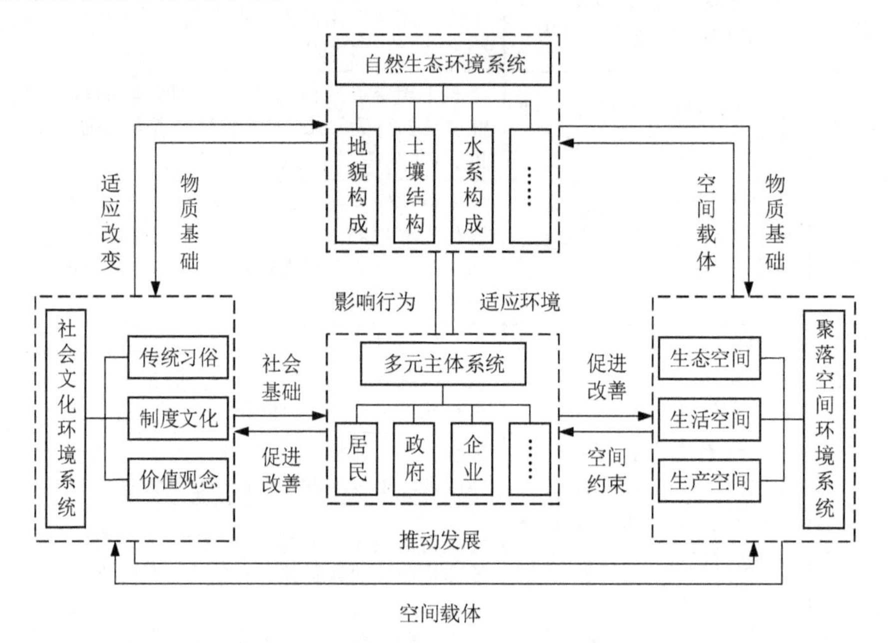

图4-1　徽州传统村落复杂适应系统构成

（来源：李伯华，曾荣倩，刘沛林，等.基于CAS理论的传统村落人居环境演化研究——以张谷英村为例[J].地理研究，2018，37(10)：1982-1996.）

传统村落复杂系统的主体适应性过程既是主体与外部环境之间相互调适的主观能动过程，也是主体为适应生存和发展需要而被动接受反应的过程，贯穿于传统村落适应性演进过程的始终。这种系统的主体适应性过程具有复杂性和主被动的交互性特征。概括而言，从宏观层面出发，由于单个村落所处的多元主体系统、自然生态环境系统、社会文化环境系统和聚落空间环境系统的个体特征差异，对外界环境变化的适应程度和过程会表现出多样性和层次性。如随着外界信息流通过古道、水系等的输入，不同传统村落主体对外界的接受度和认知度存在较大的个体差异，开放程度直接决定了传统村落系统演化的速度和方向，表现出显著的多样性和复杂性。此外，主体的适应始终与环境交互作用，自然环境、社会文化环境的不断变化刺激主体，村落多元主体通过可认知的规律主动学习改变行为规范，实现人与自然、人与社会的和谐共生。与此同时，主体根据现有的环境基础发挥主观能动性改造利用环境，为传统村落系统创造新的演化动力源。基于此，根据CAS理论，传统村落复杂适应系统可望构建主体—环境交互关系模型，刻画主体适应、行为调控、系统反馈的适应性机制，揭示系统的演化规律。

4.2 徽州传统村落复杂系统的适应性表征

4.2.1 文态：社会文化系统的演化特征

基于上述徽文化特征及其表现形式的叙述，经历几千年的演化史，徽州创造了灿烂的地域文化，徽文化是一个极具地域特色的区域文化，被称为后期中国封建社会的典型标本。形成了以新安理学、徽派朴学、新安医学等为代表的精神内核，以宗族法理、家国同构为代表的宗族制度文化，以徽商、徽派建筑和徽州传统村落为代表的物质文化。徽州文化"历史悠久而传承性强"，具有严格的聚族而居的宗法社会结构、天人合一的居住思想、深厚的宗族观念、开放的思维方式"。为研究中国古代的社会、经济、文化和地理等提供了大量的实物资料，具有重要的保护利用价值和学术研究价值。徽州地区至今仍然聚集着大量的物质文化遗产和非物质文化遗产，诸如大量收藏在博物馆、图书馆甚至散落民间的徽州文书、宗族谱牒等，这些文化遗存使得徽州地区并没有因为行政区划的调整而弱化、失去这种文化认同，文化特色依旧得到传承发展。

徽文化的聚集性主要体现在地域文化的开放性，具体来说体现在系统与外界之间能量流与信息流的输入输出程度。纵观人类发展历史，任何先进的文明都具有开放性特征，徽州之所以能创造、汇聚绵延千年的灿烂文化，根本原因在于其开放性和包容兼续的特征。三次中原南渡使得该区域与外部环境以及内部自身系统不断发生物质与能量的交换，产生大量人流、信息流、物质流等。其中，中原士族的移民潮和徽商发迹后的资本流对于徽文化的形成、扩散起到了重要的作用。根据前文所述，三次规避战乱迁移到徽州的先民，稀释了徽州原居民的结构，甚至超越原有居民数量成为徽州居民的主要构成，使得徽州社会空间成为一个典型的移民社会，又因世家大族带来丰厚的儒家文化，在迁徙过程中将中原文化的核心内涵根植于徽州，从而进一步改变了徽州文化的发展轨迹，使得徽州地区从崇尚"武劲之风"转向"俗益向文雅"。徽州移民中的望族借助丰厚的家学渊源和宗族组织的关联等纷纷科举入仕，这成为他们保持名门望族、光宗耀祖、攫取地位的重要途径。

南宋后，随着新安理学的兴起，加上徽州作为朱熹的桑梓之地，崇文重教蔚然成风，古徽州有“东南邹鲁”之称。这样周而往复使得徽州重宗法、崇科举的文化特征得以延续和发展，徽文化的“聚集”效应得以涌现。

在新安理学的影响和激励下，徽州的教育发展非常迅速。从明代开始，徽州的书院建设就蓬勃开展起来，“天下书院最盛者，无过东林、江右、关中、徽州”。到清初，徽州 6 县共有书院 54 所[①]。除书院外，还有遍布城乡的书院、家学、族学、私塾，明代嘉靖、万历时已有“虽十家村落，亦有讽诵之声”[②]。对教育的重视和资助，显然使得明清时期徽州的文化水平和教育普及处于相当高的水平，从而促使徽文化得以扩散传播。

此外，徽商的发迹与壮大对于徽文化的传播功不可没，徽商资本和足迹极大地推动了徽文化的繁荣和传播。与南迁移民相比，徽商是区域人口的积极流动。徽商鼎盛时期，其行迹遍及全国，他们从其他地区带回物质财富的同时，必然也会带回先进的技术、思想，与本土文化相互融合。徽商的成功也促使他们所在的区域在价值认识上趋同。

徽州山区有着丰富的自然资源，特别是林茶资源，许多徽州人最初就是以经营本地物产起家。徽州水系为徽州商人提供了比较便利的通道，特别是笨重的竹木产品。徽州商人通过新安江东下可达杭州、由绩溪境内的散溪顺流而下长江可达江南，由祁门经阊江则可入鄱阳湖。人地矛盾、富饶物产激发了徽州人经营的积极性。到明成化、弘治之际，徽州人从商风习已成气候，结伙经商现象十分普遍，当时的徽人商贾群体人数常以千计，作为徽商骨干力量的徽州盐商已在两淮盐业中取得优势地位。此后的四百余年间，徽商雄霸全国商界，赚得高额利润，也带动了邻近的泾县、宁国等地城乡商贸市场的繁荣。明清以来宁国县(今宁国市)内私营商户多集中于交通方便、人口密集的港口、宁墩、胡乐、东岸等集镇，县城以河沥溪、城关、西街形成三大商业区。另一方面在“入仕”的价值取向下，徽商子孙逐渐集儒、言、商于一体，由儒而商，由商而官，由官助商，官商互济。徽商的崛起将徽州地区经济、社会、文化各个方面均推向繁荣鼎盛时期，带动了地区学术、文学、艺术、科学等多个方面的发展。

---

① 康熙《徽州府志》卷七《营建志・学校》
② 光绪《婺源乡土志》第六章《婺源风俗》

4.2.2 生态:自然生态系统的演化特征

研究徽州传统村落的地域自然山水生态不能将自然生态系统与人工生态系统割裂,单纯为了梳理自然生态而研究。自然生态系统具有生物多样性、自然诞生、自然演化和自我调节的特征,而徽州人工生态环境是在适应徽州自然生态环境基础上以人类活动为中心,满足徽州先民生活生产需要而形成的生态系统,与自然生态系统不同的是人类活动具有明显的目的性和开放性,徽州自然生态系统的演化过程其实就是徽州地域系统中人工生态系统(由自然生态环境、社会环境和人类生产生活构成)对大自然的反馈,促使徽州先民改变自身行为方式实现自然的可持续发展,自然环境系统与人类行为相互影响、相互反馈的关系不是简单的、被动的、单向的因果关系,而是各种反馈作用相互理解、相互缠绕的"非线性"复杂关系。在徽州大地上大行其道的堪舆学说充分体现了自然环境与人类活动相互作用相互反馈的关系。

堪舆学说提出了"觅龙、察砂、观水、点穴、取向"五大步骤,概括风水营建时的基本步骤。觅龙作为第一步,认为山为龙脉,从宏观的视角来观察山脉和选择确定吉地,也是聚落营建最初必须考虑的自然地理环境。察砂作为聚落营建的第二步,是从微观环境来看待山脉环境,砂是指怀抱聚落的群山,强调聚落前后左右的山脉环境,认为聚落周围应该呈现山形起势。观水是聚落选址的第三步,传统风水认为"未看山时先看水,有山无水休寻地","觅龙点穴,全赖水证",由此强调聚落选址水的重要性。正所谓"山管人丁水管财",认为有山之处则人丁兴旺,有水之处则财运亨通,因此有山有水之处必为风水宝地,因而传统村落的选址多位于山水之间,或通过改变地形、挖掘沟渠来构建风水,以此表达对于人丁财富的向往。所谓"地理之道,山水而已",由此可见,山是地域的基本环境,塑造了区域的地形地貌,同时山形走向还能够有效阻碍寒风、阻碍战祸、阻碍自然灾害等,而水是生命的起源,也是生存的基本资源,同时对于生存环境和气候都具有十分重要的作用,总而言之山形水势不仅具有风水作用,而且从科学的角度来看依然具有科学含义。点穴和取向是择址的最后两步,其实现是基于一系列山水地理环境下的微观塑造,从而能够真正利用山水环境。

在徽州传统村落的建设中,规划选址是第一位,也是最重要的一个环节,明代崇祯年间纂修的《古林黄氏宗谱》记载"基址者何? 所以聚庐而托处,亦所以宅身而宅心者也",强调了基址选择的重要性。依托山形地势,徽州传统村落的基址选择秉承"天人合一"的理念,其内核则是强调人与自然环境的相互调适,但是并非所有的基址都是理想的风水格局。《明经胡氏龙井派祠规》记载"吉地本自天成,辅相正需人力",如何形成理想的空间格局,则更需要辅之以细微的修饰和人为改造,强调"以地气之兴,虽由天定,亦可人为",从而让村落呈"负阴抱阳"之势。在徽州传统村落的建设中,常有的风水改造包括引水、仿生、定向等形式,使环境趋于理想。诸如此类等等,均是在徽州特定自然环境中孕育出来的适应性关系(图 4-2)。

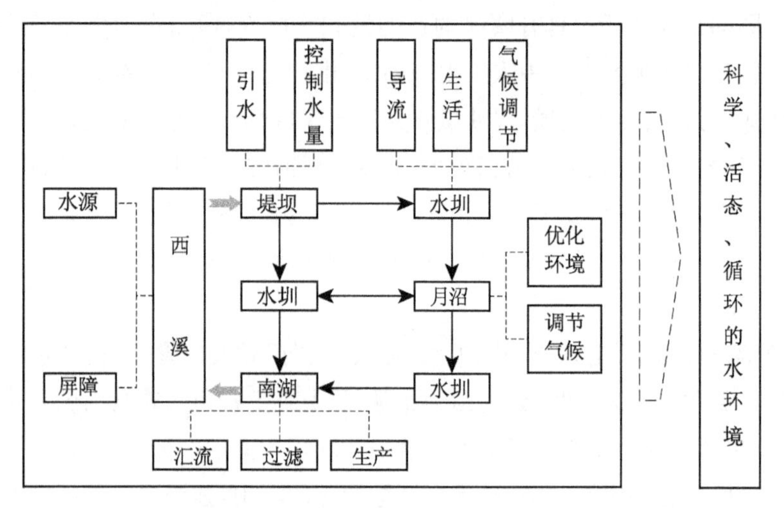

图 4-2 宏村水环境风水的科学内涵

4.2.3 形态:聚落空间系统的演化特征

聚落空间形态不是单纯的要素组合,而是反应要素之间互动关系背后所蕴含的自然智慧和社会语义,是一个多元交互作用的结果。"非线性"是传统村落聚落空间系统产生复杂性的源泉,徽州主体在接收外界环境反馈时(政治变迁),为了主动适应生存环境而做出的被动迁居,历史上三次大规模的南迁和不计其数的局部迁移对徽州地域人口无论在构成还是总量上都产生了颠覆性的影响,极大影响了传统村落聚落空间系统的分布与演化。随着人口的繁衍与增长,原有的集聚点达到饱和,析出过剩人口、开辟新的聚居点成为徽州族人的重要任务,因此通过宗族祠堂的分支设立以及外姓之间的婚配使得析出人口在广袤的徽州地域上实现就近迁移,逐渐演变成星罗棋布的新村落。聚落这种演化如同细胞分裂,新的集聚点不断发展壮大进而开始新一轮的裂变(图 4-3),在宗族力量主导下的这种分裂,使得徽州传统村落之间均保持着千丝万缕的联系。经过数朝历代社会结构演变,最终形成徽州传统村落相对稳定的空间格局。这一现象的促成与线性关系下既成的、可预测的、有序的结果有着明显的差别，也为聚落系统的涌现提供了可能。

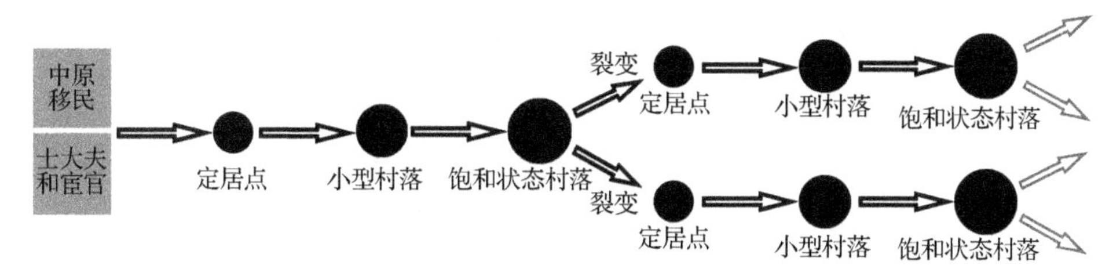

图 4-3　徽州传统村落析出过程

“流”意味着适应性主体之间的资源流动，主要从物质流、能量流和信息流来理解。这里的物质流指的是徽州古道和新安江、横江水系，能量流是徽商资本，信息流为以徽州文书和徽州谱牒为代表的徽文化的传播力和影响力。

徽州古道是古代徽州先民与周边州府联系、商贸往来、人员交流的主要通道，也是一条见证徽商历史文化的“徽商之路”。徽州的新安江、横江水系更是使得徽州丰富的林木、茶叶资源等大宗贸易运输成为可能，为徽州商人提供了相对便捷的运输通道。到明朝中叶，商品经济不断发展，商品入市种类及数量不断增加，对市场需求的扩大促进了大宗商品长途贩运贸易的发展。为寻求更为广阔的市场，商运线路不断延伸到边远地区。随着商业发展的刺激，陆路交通网络不断发展和完善，伴随着水路和陆路运输线路的扩散，沿水系和古道逐渐兴起一批繁荣的市镇聚落，“点”和“线”的不断发展，最终形成了相当完整的商运网络。经梳理，目前现存过半数的传统村落都是依古道而兴，对沿线传统村落发展具有重要影响。古道的分布与兴衰直接影响沿线传统村落的社会经济发展，使沿线村落呈现不同发展特征：古道所至府治地一般发展为地级市；古道所经县城仍在原有的基础上继续发展；位于多条古道交汇处的村落往往发展为规模较大的乡镇；原为古道沿途的一些驿铺、庙、庵等逐渐发展为中小型村落（图 4-4）。

到明成化、弘治年间，徽人从商风习已成气候，此后四百余年间，徽商雄踞全国商界。然而在当时的社会条件下，徽商积累的财富很难在产业上找到出路，于是“以末致财，用本守之”，将大量商业利润流归故土。购置土地、建祠堂、营造园享广厦，将商业利润转变为封建的土地所有，使得徽州村落的发展达到鼎盛。此外，这一时期的村落规模与徽州的自然环境、资源条件已不完全相称，说明当时的徽州村落，特别是大族聚居的村落已经脱离了对土地和传统农业的依赖，转而仰仗徽商的

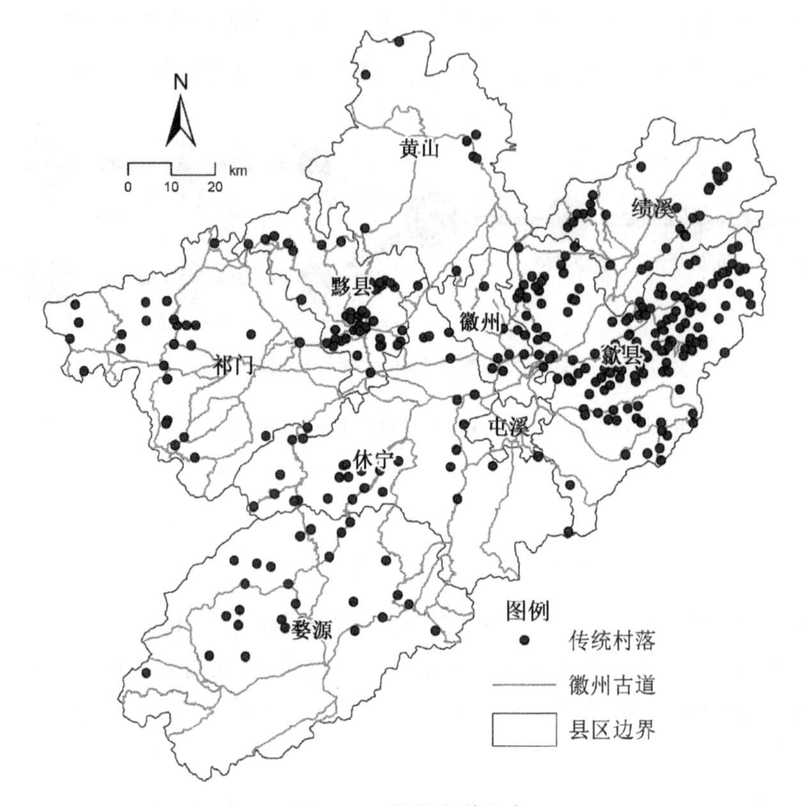

图 4-4　徽州古道分布

商业利润,因此,徽州传统村落中有大部分为徽商反哺型聚落。徽商的物质资本成为徽州传统村落聚落空间系统发展不可或缺的能量流。

徽州是目前中国谱牒产生最多、最为丰富、留存最为完整的区域。详细记载着徽州宗族人物世系及其事迹的谱牒(图 4-5),体现着先民对于宗族文化的认同,重人伦和血缘亲疏的观念。数以千计的徽州文书和谱牒多塑造徽州先民的正面形象,客观上为徽商、徽州社会的发展提供有效的文化动力,通过为官之道、经商经验、整合宗族资源、凝聚宗族关系等手段代代相传。谱牒的传世影响着每一代徽州族人,通过人伦之道、尊卑有序、诚实守信等规制着徽州人民的生产生活,从而作用于徽州聚落空间形态的组合。

多样性体现在传统村落聚落空间形态的不断变化,徽州传统村落多聚族而居,这种类型的村落亲缘关系和宗族秩序便成为维系村落社会治理的纽带。如前文所述,反映在空间形态上便是"宗族其里,村落其表",村落布局多以宗族这样的礼制中心占据核心位置,其他建筑以宗祠为核心形成村落公共活动中心。但是这种聚

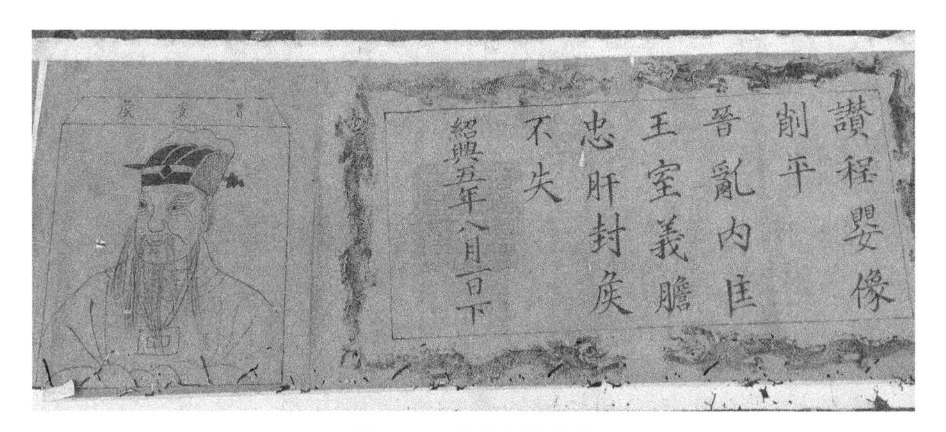

图 4-5　歙县程氏宗谱

落形态不是一成不变的，随着传统村落的社会空间不断丰富，尤其是随着徽商经济的崛起，超越封闭内向的经济活动限制，人与人、物与物之间的交互日益频繁，使得村落空间系统开始由分散化走向有限结构化，最为直接的便是集市的兴起与发育，徽商古道的修建与开拓，使得传统农村社会中出现商业，封建宗法制衍生的自然经济结构开始裂变，诸多血缘村落开始不断演化成商业村落，单一的宗法社会开始转向商业社会，典型代表如休宁的万安古镇和歙县的卖花渔村。此外，多样性还体现在空间布局的多样性，主要是聚落空间系统为了适应徽州多山丘陵的自然生态系统而做出的积极响应，如 3.4.1 章节中描述的散居型、组团型等不同聚落形态。

4.3　小结

综上所述，徽州山水自然在与人文环境长期适应调适的过程中，多元适应性主体通过有效互动作用，使得徽文化系统形成和发展，以新安理学为内核的精神文化，以敬宗法祖为核心的宗族治理文化，以贾而好儒为基础的徽商物质文化作为积木建构了徽文化并使之繁荣，同时孕育出了特有的且多样性的徽州物质文化、非物质文化标识物和景观，至今享誉内外。

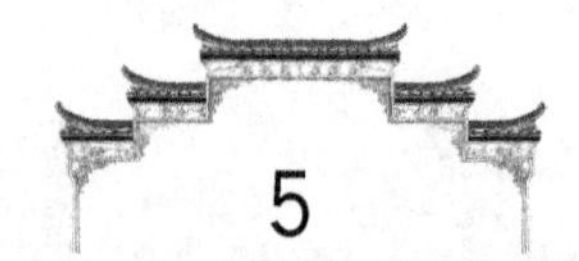

5 徽州传统村落自适应演化过程与机制

5.1 传统村落复杂自适应系统的基本思想和内容

5.1.1 复杂自适应系统与传统村落

基于前述章节对于徽州传统村落的演进过程及其复杂性的基本认知，主体适应性学习行为是传统村落演化发展的基础，大量主体适应活动的积累会形成传统村落内部发展的驱动力。通过主体不断地进行知识学习和知识交换，整个传统村落的自我发展能力得到提升，进而推动传统村落的延续与发展。NK 模型最初是为研究生物进化问题而由复杂适应系统学派的代表人物考夫曼(Stuart Alan Kauffman)教授所提出。考夫曼指出，达尔文虽然阐释了自然界选择的理念与逻辑，却并未对何种复杂系统对于自然选择和自然突变事件具有更好的适应性做出很好的解释；应进一步扩展进化论的概念和结构，进而提出适应度景观和 NK 模型概念。适应度景观和 NK 模型在生物学进化研究中认为，生物进化是一个在有波峰和波谷的三维景观上的游走或跳跃的过程。过程中的每一个位置代表了基因潜在的可能组合，所处高度表征物种生存的适应度，“波峰”即为物种基因组合的高适应度，“波谷”则为低适应度，构成适应度景观。NK 模型以定量研究生物的进化很好地将适应度景观与复杂系统联系起来，强调不同基因之间、基因与生物体外在环境之间等都存在相互作用的内在联系，通过基因变异的正负向作用，共同影响生物体适应度的变化，从而诱发基因变异和外在形态变化。

影响 NK 模型的基本参数主要为基因数目 N，不同基因间的上位交互作用数目 K 以及等位基因数目 A。在 N 个基因数目中，每个基因有 A 种特征，即全部的组合方式有 A^N 种。在基因数目 N 之外，参数 K 与生物进化过程的复杂程度息息相关，再少基因数目的生物体都可能由于参数 K 的增大使得组合的结构数量增多,或多或少制约了NK模型的应用。基于此,在模型应用方面,为了使得统一参数K反映出生物进化的复杂特征目的提出了应用侧重于相同上位互动数目K的结构。K介于$0\sim(N-1)$之间,趋向于0时,基因之间关联性渐弱甚至不关联;$K=N-1$时,即每个基因不仅受自身状态的影响,还要受到其他基因的影响。然而模型实际应用中考虑到生物体自身结构的复杂性以及不同基因之间的非线性关系,无法准确衡量具象的适应度函数,故在(0,1)均匀分布的随机变量集合中获取随机数,将所得随机数看作该基因对整体适应度的贡献。

适应度景观和NK模型很好地刻画了复杂结构内部各要素间的相互作用关系对整体适应性的影响,因此该理论被广泛应用于管理学、经济学、社会和行为科学等不同领域。

NK模型的核心观点就是生物演化的过程不仅受到外部系统的反馈,还与其自身内部各要素的相互影响有关。传统村落系统的自适应演化过程是自然选择与自组织共同影响的结果。徽州传统村落历经千年不断进行演化,其中涉及自然生态环境系统、聚落空间环境系统、社会文化环境系统、多元主体环境系统之间的关联互动以及相互依赖,系统之间的交互使得主体的自适应性涌现。传统村落的主体适应性是传统村落能够正常延续的基础,主体对周围环境的自适应调整行为使得主体能够产生一系列反馈,一部分历史村落因为适应性较弱逐渐被淘汰,而能够完整传承下来的传统村落其自身表现出了高度的自我修正与功能更新能力,这与基于生物进化的NK模型不谋而合。基于景观适应度理论与NK模型,利用"适应度"识别传统村落主体以构建传统村落自适应演化的NK模型,分析从古至今经历破败与新生传承下来的传统村落在发展演化中的系统之间的协同关系,探究传统村落的自适应演化的过程和发展涌现的路径。

5.1.2 徽州传统村落自适应NK模型

NK模型研究具有N个元素且其中有$K(K<N)$个元素具有相互关联作用,关乎系统的复杂性及其演化规律。NK模型通过研究不同元素所构成的系统的适合度以及各个元素的相互作用关系及其对系统适合度的影响,来寻找适合度较高的系统构成。类比传统村落的复杂适应系统的自适应演化本身,以传统村落自身为边界,其内部发展涉及自身禀赋、地域文化、宗族思想、政府支持、徽商(企业)介入等因素,他们相互关联相互依赖,并与外部环境共同演化。当NK模型用于复杂系统时,构建以下步骤用于解析传统村落的演化进程,原始NK模型与传统村落自

适应演化 NK 模型参数含义如表 5-1 所示，模型实现步骤叙述如下：

定义传统村落的适应度景观系统，确定影响要素 N：

① 构建适应度评价指标体系；② 对每个要素的数据用极值化处理：$Z=\frac{(Y-Y_{\min})}{(Y_{\max}-Y_{\min})}$，进行归一化处理，得到 0～1 之间的标准化数据，主体之间的可能形态起初应该为(0,1)之间的某个数值代表，经过考夫曼的大量研究，发现主体形态对系统的演化结果不敏感，所以在此对其进行简化处理，定义影响传统村落发展能力的要素的形态只有 0 和 1 两种状态，其中 0 和 1 不具有实际数值意义，只是区分传统村落系统演进的不利和有利的方向标识。所以本研究要素状态根据均值分为两种，用二进制 0、1 表示（小于均值取 0，反之取 1），即 $A=2$；③ 确定要素间的相互作用大小即参数 K，共有 2^{k+1} 种组合状态，要素间相互影响表示为二进制组成的 N 维向量；④ 组合状态的整体适应度值为 $F=\frac{1}{N}\sum_{i=1}^{N} f_i$，其中：$f_i(i=1,2,3,\cdots,N)$ 表示要素对系统适应度值的影响值。空间范围内系统 F 的函数即为复杂系统的适应度景观。

表 5-1　NK 模型参数对应

参数	考夫曼的 NK 模型	传统村落自适应发展能力 NK 模型	含义
N	物种间基因组成数量	传统村落适合度的影响要素	自适应发展能力的 4 个维度($N=4$)
K	基因之间关联作用	影响要素之间的相互联系	每个维度受其他维度的影响($K=0$ 或 $N-1$)
A	一个基因的等位基因数量	一个要素拥有的可能状态	每个维度有 0 和 1 两种状态
S	相关的其他物种的数量	与传统村落相关的其他类型村落的数量	本研究不做考虑
C	基因和相关其他物种数量的联系	要素和其他类型村庄的联系	本研究不做考虑
F	每个基因对系统整体适应度的影响函数	要素对整体适应度的影响值	每个组合状态的均值

5.2　传统村落自适应发展能力维度指标选取

传统村落自适应发展能力需要从传统村落的自适应演化的本质与结构入手。根据复杂适应系统理论的基本特征，可将传统村落系统看成是由多个适应主体相互作用形成的复杂适应系统，系统结构构成可以分为四大系统，即自然生态环境系统、社会文化环境系统、聚落空间环境系统和多元主体系统。自然生态环境是物质基础，为传统村落人居环境可持续发展奠定基础。社会文化环境是社会基础，为传统村落构建了一个高认同的、可识别的文化区。聚落空间环境是空间载体，是行为主体生产、生活的地理空间，是传统村落物质系统和非物质系统综合发展的空间投影。传统村落的发展是自组织和他组织相互作用的结果，离不开多元主体的适应性行为，多元主体系统是重要动力。

正是四大系统通过物质、能量和信息的交换，实现传统村落系统的有序跃升和适应性主体发展的动态演化。具体过程是：主体不断调节适应性学的影响要素，并借助不同要素的状态替代相互依赖水平，最终推动主体适应性学习过程向某一满意状态持续演进。因此，可以借助 Wright 的适应度景观理论来刻画传统村落的适应性学习，并利用 NK 模型探究传统村落自适应发展的主要影响因素和发展最优路径。通过文献梳理，本文归纳出国内外关于传统村落自适应发展的主要研究，进一步细化四大系统的具体指标，指标如表 5-2 所示。

表 5-2　传统村落指标说明

NK 模型因子	具体指标	分值升降方法	释义
多元主体系统	历史事件或名人影响度	国家层面 7 分；省域层面 5 分；市域、县域 3 分；无为 1 分	名人或历史事件等级，故居保存情况
	政府出台保护规划或管理办法	针对本传统村落的规划或管理办法每有 1 项得 1 分，3 项及以上 3 分，没有为 0 分	出台管理办法数量
	专门保护机构和人员的完备性	无 1 分；有 3 分；若对村庄发展起到明显作用得 5 分	有无专业人员支援或驻村
	徽商数量	1 个 1 分；2 个 3 分；3 个以上 5 分	村子徽商的个数
	村庄自组织的建立及其作用	无 1 分，有 3 分，起到明显作用的 5 分	居民出资出力建设
	村子单一姓氏	只有 1 个姓氏 5 分，2 个 3 分，3 个以上 1 分	姓氏个数

续表

NK模型因子	具体指标	分值升降方法	释义
聚落空间环境系统	建筑与周边环境协调性	协调度高,很完整,7分;协调度一般,风貌较完整,5分;环境一般,且周边风貌有所改变,3分;环境较差,无传统风貌,1分	建筑布局及风貌与村庄地形地貌的协调度
	历史传统建筑稀缺性	县级保护及以下,1分;省级市级,3分;国家级,5分	传统建筑保护的级别
	历史传统建筑真实性	30%及以下1分;30%~49%为2分;50%~74%为4分;75%~89%为6分;90%以上为8分	现存历史建筑占地用地面积与村庄面积比例
	空间格局及功能的稀缺性	街巷格局保持较为完整,传统功能尚在,1分;村落规划布局保持完整,具有明显功能,3分;反映特殊布局理论,5分	传统村落的布局与风水堪舆、新安理学等徽州文化的融合
社会文化环境系统	文化载体数量	拥有文化载体0~5处为1分,5~10处为3分,10~15处为5分,15处以上为7分	拥有古桥、古井、古树等文化载体的数量
	传统生产制度及生产技术保留度	大部分生产沿袭传统生产方式,5分;部分生产沿袭传统生产方式,3分;摒弃大部分传统,采用新技术,1分	沿袭传统生产方式的情况
	生活延续性	传统原住民比例25%为1分;26%~50%为3分;51%~75%为5分;76%~100%为7分	传统原住民是否生活在当地
	传统产业独特性	地域内满足日常需求为1分,地域内影响力一般为3分,地域内影响力较大为5分,地域内独树一帜为7分	区域性特色产业销售的影响范围
	宗族体系延续性	有族谱且有缺失,无传承人为1分;有族谱,无传承人为3分;有族谱确定传承人为5分	族谱及传承人的情况
	历史久远度	民初为3分;明清为5分;元代及以前为7分	传统建筑的年代
	技艺传承度	无技艺传承为1分;有1~3个技艺传承为3分;4个及以上为5分	传统制作工艺的传承

续表

NK 模型因子	具体指标	分值升降方法	释义
自然生态环境系统	村落整体起伏情况	低海拔低起伏为 5 分;低海拔中起伏为 3 分,中海拔低起伏为 1 分	村庄平均高度
	年均气温	年均气温 10 度为适宜温度 5 分	30 年年均气温
	距水源距离	大于 1 000 m 为 1 分; 500～1 000 m为 3 分;500 m 以内为 5 分	判断存在中心距最近重要河流位置
	徽州古道数量	1 条古道计 1 分,3 条以上计 4 分	徽州道路
	土壤类型	黄棕壤,5 分;水稻土,3 分;石灰土,1 分	土壤类型对于居民生活生产有决定性作用

以上数据根据传统村落一村一档、各村保护规划、网络信息整理而成,选择具有代表性的 15 个传统村落作为模型验证对象,见表 5-3,共收集 15 个传统村落单元内能表征多元主体系统、聚落空间系统、社会文化系统、自然生态系统四个维度的 22 组数据,各系统权重总和为 1,具体指标在各系统内保持一致,构建 *NK* 模型,进行适应度计算。

表 5-3　村落基本情况

村落	批次	基本概况	村落影像图
宏村	第一批	宏村位于黟县东北,处黄山风景区的旅游辐射范围内。南宋绍兴元年(公元 1131 年)始成村落弘村。清乾隆二年(公元 1737 年)为避帝讳(弘历)更名宏村。村域面积 2.89 km^2,村落遗产区占地 0.28 km^2,古村落面积 0.19 km^2,现存明清时期古建筑(包括祠堂、书院、民居)137 幢。 古代宏村人独具匠心,在四百多年前规划并建造了以水圳、月沼、南湖为主要水系的牛形村落塘渠水利设施。清泉七拐八弯贯穿家家门前,控制了整个村落的形态。宏村的古建筑为徽式特色,粉墙青瓦分列规整,檐角起垫飞翘,融入蓝天极富层次感和韵律美。承志堂是其中一幢大型宏伟精美的民居代表作,被誉为"民间故宫"。	

续表

村落	批次	基本概况	村落影像图
西递	第一批	西递村坐落于黄山南麓，位于安徽省黟县东南部，距黄山风景区仅40 km，村域面积10.7 km^2，素有“桃花源里人家”之称，始建于北宋皇佑年间，发展于明朝景泰中叶，鼎盛于清朝初期，至今已近960余年历史。据史料记载，西递始祖为唐昭宗李晔之子，因遭变乱，逃匿民间，改为胡姓，繁衍生息，形成聚居村落。 历经数百年社会的动荡，风雨的侵袭，虽半数以上的古民居、祠堂、书院、牌坊已毁，保存古民居224幢，古祠堂3幢，古牌坊1座，古桥梁3座，古街道、巷道、水口环境基本保存完好，从整体上保留了明清村落的基本面貌和特征。	
许村	第二批	许村四周环山：东称文峰，西谓武岫，南迎天马，北依四山。昉、升二溪交汇于村中，形成“倒水葫芦”之势。早些年，许村曾有汉砖出土，这说明到汉代，许村已有相当的规模。至南梁之时，许村已有“富资里”一名。唐末至南宋是许村的形成期。 自宋以来许村共有61人中举，136人出任公职，其中有进士22位，举人15位，武举人5位。另有邑庠生136人，国学生、太学生73人。另有方回、许国等历史名人早年都曾在许村就读求学。时至民国又诞生了“一门五博士”，今天还有“一村四院士”之称。文风之盛，“族冠新安”。 许村土地总面积约1.98 km^2，其中水田面积0.37 km^2，旱地面积0.08 km^2，茶园面积0.22 km^2，山场面积0.16 km^2，村庄建设用地面积0.1 km^2。村内旅游景点较多，内涵丰富。主要有元、明、清等时期建筑的牌坊群、古民居群、大观亭、观察第、高阳廊桥、升平桥等。	

续表

村落	批次	基本概况	村落影像图
渔梁村	第一批	渔梁村位于歙县东南，村落占地 8.2 hm^2。该村形成于唐，约在乾元二年(公元 759 年)姚姓迁居渔梁，并发展为村落，其形态似鱼。渔梁在唐代即已具雏形，渔梁的名称由坝而来，渔梁整体格局保存完整，渔梁坝和水运码头是村落最有特性的要素。古村落内现存传统古建筑 430 处，占古村落建筑总数的 65%。其中保存较为完好的有 320 处。沿江有一条东西向主街，垂直该街则衍生出 10 余条小巷，一色的木排店面和石板卵石路面，使商业街极富特色。繁荣的商业街和宁静的巷弄构成了渔梁村落内部颇具特色的街巷空间，是不可多见的徽州古商业街。 渔梁村是因经济、水路交通等因素兴起而发展的，在徽州为数不多，反映了依托江河发展的商业性聚落的历史风貌痕迹。村落特色主要体现在自然环境景观，村落形态空间格局，多种类型的历史建筑及鲜明的人文特色。	
上庄村	第三批	上庄村(古称上川)位于绩溪县西部，在北宋时隶属绩溪县修仁乡常溪里，元、明、清时，隶属修仁乡，旧制为绩溪八都，1942 年至新中国成立，易名适之村。上庄村三面环山，南有慕云尖，西南有竦岭尖、南云尖，西有黄檗山，北有竹竿尖，东向为常溪河盆地，阡陌纵横，山多田少。	

续表

村落	批次	基本概况	村落影像图
南屏村	第一批	南屏(又名输林村),至今已有1000多年的历史。原名叶村,因村西南北倚南屏山而得今名。始建于元、明年间,居住着叶、程、李三大姓氏,近千人。至今仍保留完好8幢代表着宗族势力的古祠堂,村落中72条深巷纵横交错,犹如一座庞大的迷宫,因此被称为迷宫式村落。村中36眼水井,或圆或方,明清的古建筑有300余幢。户户民风雅致,幢幢古韵飘逸,还有精致绝伦的“三雕”,无不呈现出深沉的历史文化积淀。 仅在清代,村中出任过知县以上官职的就有14人。有记载的书画艺术家27人。清光绪(1875—1908)年间,南屏村号称“十万富”之家的便不下20户,特别是清代中叶以后,由于叶、程、李三大姓之间的相互攀比,竞争进取,使南屏村步入盛世时期。村中至今仍保存有相当规模的宗祠、支祠和家祠,被游客誉为“中国古祠堂建筑博物馆”。	
屏山村	第一批	屏山村,卧于缓丘,面朝屏峰山与吉阳山,吉阳河穿村而过,形成背山环水、面屏的风水格局,因村北有山,状如屏风而得名,因村中舒氏聚族而居,古称舒村。屏山舒氏为伏羲氏后裔,唐末为避战乱自庐江迁居屏山,至今有1100年历史。屏山又称长宁里,明改里为都,屏山属九都,又名九都舒村,是长久安宁的地方。所以舒氏到了屏山后看中了这块风水宝地,于是便在屏山定居,开始在这块土地繁衍生息。明清鼎盛时期,村内有12条街,60条巷,240口井,18幢祠堂,16座牌楼,400多幢民居,号称“八百灶,三千丁男,五里长街”的村庄。 村内历史建筑群及其建筑细部乃至周边环境基本上原貌保存完好,还完整保存着光裕堂、成道堂等7座祠堂,还有明清古民居200余幢,保存有“三姑庙”、御前侍卫贴墙牌坊等许多名胜古迹,大部分古民居有马头墙、砖雕门楼和木雕梁等工艺,精雕琢,体现了徽派民居特色景观,在黟县这块古老的土地上素有“小桥流水人家”的美称。	

续表

村落	批次	基本概况	村落影像图
历溪村	第二批	历溪村土地总面积 13.1 km^2，其中耕地 0.26 km^2，山场面积 8.8 km^2，水田 0.47 km^2。古有历溪十二景，如象鼻石登览、罗美台怀古、历峰颠晓日、汲水滩夜月、柱峰墩古松、古寺山旧址、鹅岭望乡烟、骡岭踪地脉、普陀岩焚香、镇南祠祈福等，至今保存完好的有舜溪桥、镇南祠、目连戏、合一堂、千年古樟、古树林、御医王琠墓、悬棺等，其中最具代表性的就是合一堂和水口林。目连戏在中国戏剧史上有很大的影响，被称为“戏剧史上的活化石”。历史上有八大目连戏班最为著名，其中就有“历溪班”。	
关麓村	第一批	关麓村因地处武亭山麓和被称为“西武雄关”的西武岭之东麓而得名，又因为过去黟县通往祁门、安庆、江西等地的主要官方驿道经过村岭，故别名“官路”。 关麓村原本不过是一座极普通的乡间村落，但因为地理位置优越，在徽商外出经商的热潮影响下，关路村的村民不仅外出经商，而且还在村里开有各种店铺上百家，逐步成为一个热闹繁华的古集市。 关麓村是一个辐射形的村，中心为关麓下。东接古筑，南临赤岭、西靠祁门，北与黄村交界。 黟祁古道横贯全村 30 多幢住宅，村内屋宇密度较低，绿地多，有石板路条条相通，还有 7 个古井。全村建筑大部分是明清时期建筑，保持着旧时的风貌。	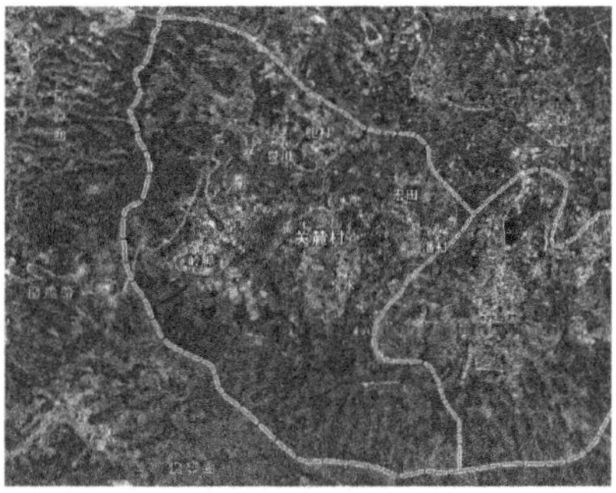

续表

村落	批次	基本概况	村落影像图
呈坎村	第一批	被朱熹誉为"呈坎双贤里,江南第一村"的呈坎村位于黄山市徽州区北部,古名龙溪,自唐末江西南昌府秋隐、文昌罗氏二兄弟举家迁此"择地筑是而居"易名呈坎以来,已有一千多年历史,是我国当今保存最完好的古村落之一;全村现保存着明清建筑100余处,其中有罗东舒祠、长春社、罗润坤宅等国家和省级文物保护单位3处,精湛的工艺和精美的石雕、砖雕、木雕、彩绘将徽州古建筑艺术的古、大、美、雅体现得淋漓尽致,被中外专家和游人誉为"中国古建筑艺术博物馆"。呈坎人杰地灵、人文荟萃、名人辈出,历史文化积淀深厚,至今仍保留着董其昌、林则徐等历代名人题写的牌匾30余块。 呈坎五街大体平行于众川河,呈南北走向,街巷全部由花岗条石铺建,两侧民宅鳞次栉比、青墙黛瓦、黑白相间、高低错落、淡雅清秀。呈坎徽派建筑不仅数量大而且祠堂、民居、更楼、石桥类型多样化,故有"呈坎民居甲天下"之誉。	
唐模村	第一批	唐模村始建于唐,盛于明、清,距今已有1 400余年。由唐朝越国公汪华的太曾祖父叔举创建。经过几代人的辛苦劳动,先后建立了中汪街、六家园、太子塘等建筑物,逐步形成了一个聚族而居的村落。五代年间后唐建立,诸侯纷争,强盛的唐朝已不复存在。汪氏子孙不忘唐朝对祖先的恩荣,决定按盛时的规模建立起一个村庄,取名"唐模"(一说按盛唐时的模式、风范、标准建立)。1087年,郡北许村的许贵一、许贵二兄弟俩因父母双亡,投靠唐模村姑父家。经过几代繁衍,许氏比当地的汪、程、吴三姓人丁更为兴旺,成为唐模村的大姓望族。但他们不忘姑父的收养之恩,仍沿用"唐模"这个村名。唐模村庄的形成、命名,是古代的徽州人重视风水与忠君思想结合的产物,深深地烙上了历史文化的印制。	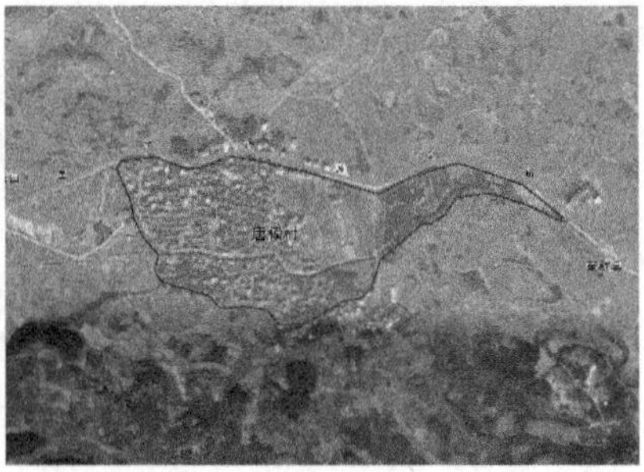

续表

村落	批次	基本概况	村落影像图
灵山村	第一批	灵山村居于灵金山、丰山之间的山谷内，一条长长的灵金河从村中缓缓流过，将村庄分为南北两部分，河两边依林靠壁，筑房造屋。灵金河左边房子坐北向南，右边房子坐南向北，遥遥相对。灵山村中有一条长 1 500 m、宽约 1 m 的灵山古水街，街道由青石板铺成。沿水而下，村内水街上有古石桥 36 座。灵山村古徽建筑连片集中，保持着传统的村落布局和街巷水系，有明清古建筑 40 余处。其中灵山水街古建筑群为省级文物保护单位，包括沿水街分布的重点保护古建筑 7 处。主要建筑工艺是青砖黛瓦、马头墙、纯徽州官斗木结构房屋，体现徽雕、天井、四合院墙画等精湛技艺，具有徽派建筑的典型特点。	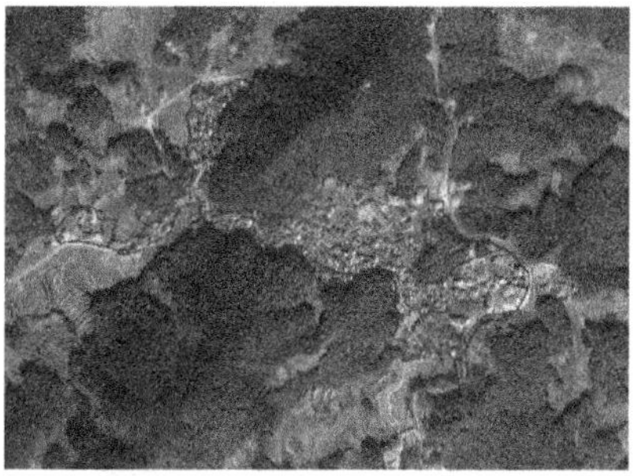
蜀源村	第四批	蜀源村地处潜口镇的东北部，地理位置优越。蜀源村风光优美，为具代表性江南水乡风韵的徽州古村落。灵金河（又名金带溪）呈“s”形穿村而过，观音、罗汉二山紧紧夹峙，合“水口宜山川融结峙流不绝”之水口堪舆相解。蜿蜒山溪，青石曲径，田野静卧，粉墙黛瓦，故素有“小桃花园”之美誉。 “东南邹鲁”的徽州孕育了颇具特色徽文化的蜀源古村落。现有明清牌坊 3 座，古民居 20 余幢，古祠堂 1 幢，其中最具代表性的是“德本堂”和“思恕堂”。德本堂为明清时期镖师所建，其厅堂雕饰华丽精美，建筑布局别具一格。思恕堂为鲍姓盐商所建，其门楼砖雕“扬州瘦西湖全景图”，其布局自然，线条细腻，山水花鸟、楼阁亭桥、舟车人物，栩栩如生，惟妙惟肖，为绝佳精品，国内罕见，展示了徽文化的深厚底蕴。此外，文物胜迹还有赞宪坊、贞寿之门、节孝坊、都天庙、元代烈女碑等。	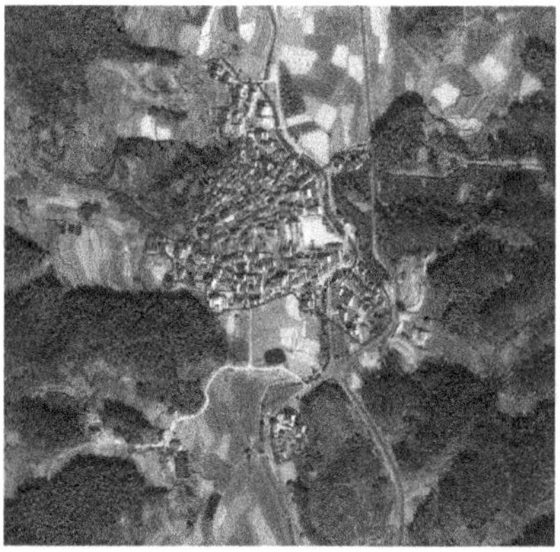

续表

村落	批次	基本概况	村落影像图
潜口村	第一批	潜口村是一个千年古村，原属徽州歙县，有着丰富的历史文化内涵。村内拥有全国“4A”级景区、全国文物保护单位——潜口民宅、金紫祠、翼峰塔、古街巷、古井等众多古建筑。因陶渊明(陶潜)曾隐居于村口桃坞处，故后人将其更名为潜口。 潜口民宅位于徽州区潜口镇紫霞山麓，由明清民居建筑群组成。明代民居建筑群(即“明园”)、清代民居建筑群(即“清园”)分别于1990年、2007年建成并对外开放。按照“整体搬迁、集中保护”的原则，潜口民宅将原散落于民间且不宜就地保护的明清建筑进行集中保护，荟萃了明清最典型的民居、祠堂、牌坊、戏台、亭台、拱桥等24处古建筑，被誉为“我国明清民间艺术的活专著”，是研究中国古建筑史和建筑学的珍贵实例。	
西溪南村	第三批	西溪南村隶属于安徽省徽州区西溪南镇，有1200年文明史，是西溪南镇镇治所在。村域面积为7.34 km^2，该村位于黄山南麓，新安江上游，丰乐河之畔。因傍丰乐河南岸，故又称丰溪、丰南、溪南。该村由后唐始建，经五代、两宋，鼎盛于明清。西溪南吴姓为大姓。村民以农为本，外徙经商，贾富兴儒，因儒入仕。 祝枝山为西溪南作《丰南八景图》(八景包括：“丰南八景古桐乔木”“梅溪书屋”“南山翠屏”“轴畴绿绕”“清溪涵月”“西陇藏云”“竹林凤鸣”“山源春涨”)，并为八景各作诗一首。明末清初“四僧”之一，著名画家石涛晚年小景杰作《溪南八景图册》现藏于上海博物馆。	

5.3 徽州传统村落自适应演化模拟

（1）在探究传统村落自适应演化过程中，根据前文章节的传统村落复杂系统构成，选取自然生态系统、多元主体系统、社会文化环境系统和地域空间环境系统这四个维度进行传统村落自适应演化能力的划分，即 $N=4$。

（2）要素之间相互作用关系的数量 K：确定该模型中 $K=0$ 或 $K=N-1$，即假设每一个研究区内的村庄的适应度变化，取决于自身或各系统之间的相互作用。在这里研究最易表现出传统村落自适应演化中对发展能力贡献最高的主体元素，即不考虑各系统之间的具体影响，简化研究 $K=0$。

（3）每个系统有 0，1 两个状态，当各系统能力维度水平低于传统村落总体平均水平记为 0，不低于总体平均水平记为 1，即 $A=2$。传统村落自适应演化能力维度组合共有2^4种，即$A_{na} \cdot A_{so} \cdot A_{ar} \cdot A_{mu}=16$，每种表现形式有 $N=4$ 个二进制数组构成的向量表示，如(1001)。适应度值可取组合状态数据的平均值，完整组合状态如表 5-4 所示。

表 5-4　传统村落自适应发展能力组合状态

组合状态	多元主体	社会文化	自然生态	地域空间
1111	1	1	1	1
1110	1	1	1	0
1101	1	1	0	1
0111	0	1	1	1
1100	1	1	0	0
1001	1	0	0	1
0011	0	0	1	1
0110	0	1	1	0
1000	1	0	0	0
0100	0	1	0	0
0010	0	0	1	0
0001	0	0	0	1
0111	0	1	1	1

续表

组合状态	多元主体	社会文化	自然生态	地域空间
1011	1	0	1	1
0101	0	1	0	1
0000	0	0	0	0

(4) 根据前文分析，当 $N=4$ 时，系统存在 16 种状态组合空间。据此，对选取的传统村落的各个状态组合(0 或 1)的适应度分别作平均值处理，得到的结果(表 5 - 5)即为该状态条件下的传统村落复杂适应系统自适应度值。

表 5 - 5　每个要素的适应度模拟结果

编号	多元主体系统	聚落空间环境系统	社会文化环境系统	自然生态环境系统
1	0.583 3	0.928 6	0.285 7	0.750 0
2	0.583 3	0.928 6	0.285 7	0.650 0
3	0.666 7	0.857 1	0.714 3	0.800 0
4	0.666 7	0.732 1	0.619 0	0.550 0
5	0.416 7	0.565 5	0.571 4	0.850 0
6	0.500 0	0.732 1	0.738 1	0.550 0
7	0.500 0	0.523 8	0.642 9	0.550 0
8	0.416 7	0.523 8	0.571 4	0.550 0
9	0.694 4	0.648 8	0.738 1	0.650 0
10	0.666 7	0.773 8	0.785 7	1.000 0
11	0.500 0	0.648 8	0.666 7	0.650 0
12	0.416 7	0.732 1	0.833 3	0.850 0
13	0.305 6	0.732 1	0.690 5	0.550 0
14	0.416 7	0.648 8	0.595 2	0.550 0
15	0.500 0	0.565 5	0.785 7	0.850 0

(5) 数据正规化处理。对每一组数据进行统计，并计算每个要素的所有数据均值，将均值与要素的原始数据进行一一比较，按上文描述的规则进行各系统状态判定，子系统要素得分低于均值，则记录为 0，反之为 1，得到传统村落数据正规化处理结果，如表 5 - 6 所示。

表 5-6 数据正规化处理结果

编号	多元主体系统	聚落空间环境系统	社会文化环境系统	自然生态环境系统	适应度值 $F=\frac{1}{4}\sum_{i=1}^{4} f_i$
1	1	1	0	1	0.636 9
2	1	1	0	0	0.611 9
3	1	1	1	1	0.759 5
4	1	1	0	0	0.642 0
5	0	0	0	1	0.600 9
6	0	1	1	0	0.630 0
7	0	0	0	0	0.554 2
8	0	0	0	0	0.515 5
9	1	0	1	0	0.682 8
10	1	1	1	1	0.806 6
11	0	0	0	0	0.616 4
12	0	1	1	1	0.708 0
13	0	1	1	0	0.569 6
14	0	0	0	0	0.552 7
15	0	0	1	1	0.675 3

(6) 不同组合状态的适应度求解。首先对表 5-6 的组合状态分类整合，进而对其适应度进行平均处理，结果见表 5-7。

表 5-7 不同组合状态的适应度值结果

编号	多元主体系统	地域空间环境系统	社会文化环境系统	自然生态环境系统	适应度
1	0	0	0	0	0.526 6
2	1	0	0	0	0.577 1
3	0	1	0	0	0.579 8
4	0	0	1	0	0.587 7
5	0	0	0	1	0.592 2
6	1	1	0	0	0.630 3

续表

编号	多元主体系统	地域空间环境系统	社会文化环境系统	自然生态环境系统	适应度
7	1	0	1	0	0.638 3
8	1	0	0	1	0.642 7
9	1	1	1	0	0.691 5
10	1	1	0	1	0.695 9
11	1	0	1	1	0.703 9
12	0	1	1	1	0.706 6
13	0	0	1	1	0.653 4
14	0	1	0	1	0.645 4
15	0	1	1	0	0.640 9
16	1	1	1	1	0.757 1

（7）绘制适应度景观图。根据表 5－7 绘制 $K=0$ 时的适应度景观图，得到布尔超立方体（图 5－1）。需要说明的是，当关键参数设置相同时，适应度景观模型所

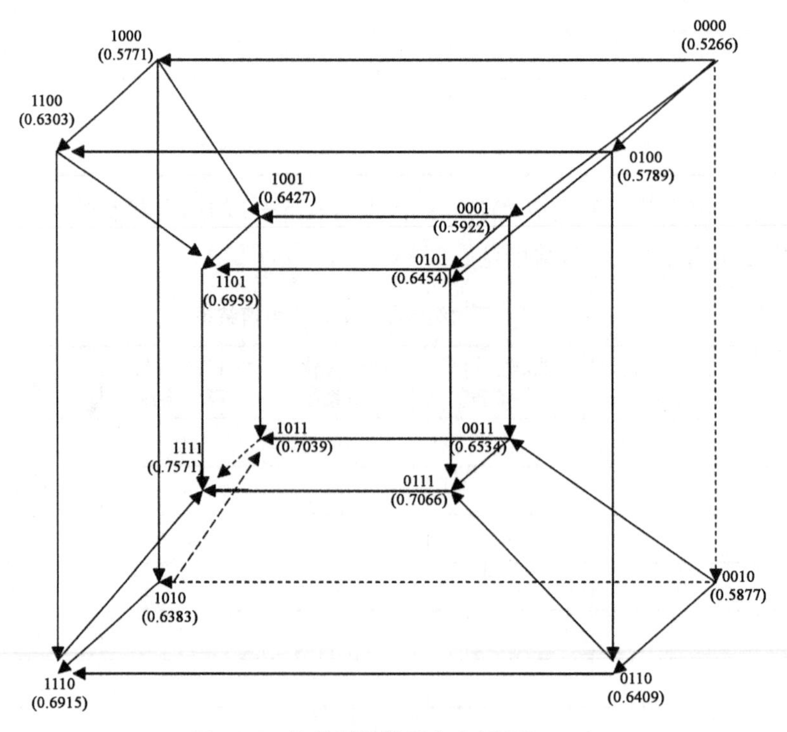

图 5－1　传统村落的适合度景观（$K=0$）

表示的规律具有相同特征，当 $K=1,2,3$ 三种情况时，分析过程与 $K=0$ 时相同，因此不过多赘述。K 值表达了构成复杂系统的不同构成子系统之间的上位程度，值越大，代表传统村落复杂适应系统演化程度越复杂，适应度景观的崎岖度就越高。本节就 $K=0$ 描述传统村落的适应性景观复杂演化程度。

景观结构由图中带箭头的线表示，表征了适合度值由低组合到高组合的路径。线所指向的点即为最高适合度的组合状态，即适合度景观中的全局高峰。高适合度的路径可以通过适合度景观方法来有效获得。传统村落适应性学习过程存在不确定性，使得传统村落在寻找高峰的过程中存在不确定的方向（图 5－2）。传统村落自适应主体适合度景观在路径发展中可能面临着三种情况，即适应性行走（adaptive walk）、适应性跳跃（long-jump）、适应性行走与跳跃结合。如一开始传统村落为 1000 进行正常的适应性游走，那么传统村落的自适应发展路径为 1000→1001→1011→1111，而适应性跳跃使得传统村落可以快速发展，如 0100→1101→1111。

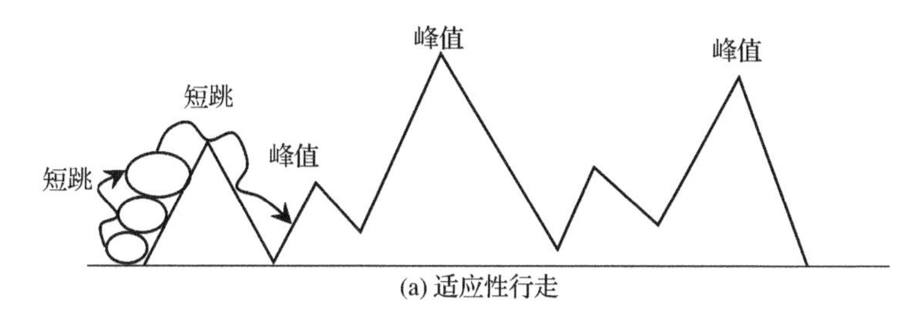

(a) 适应性行走

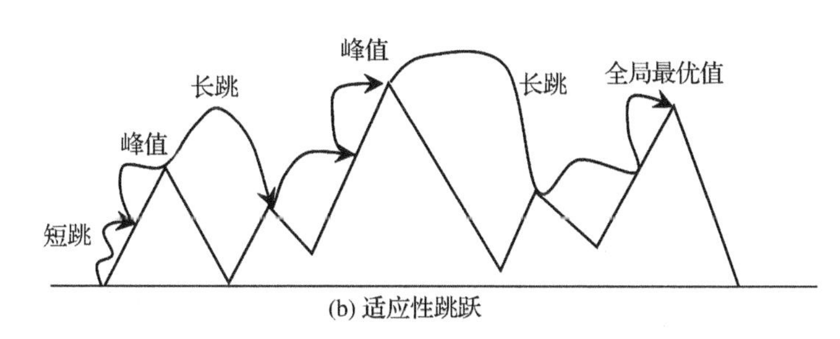

(b) 适应性跳跃

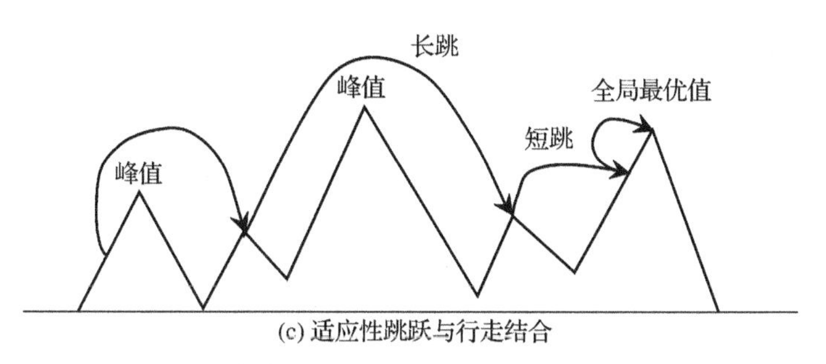

(c) 适应性跳跃与行走结合

图 5－2 传统村落自适应主体行走与跳跃相结合

传统村落发展是一个渐进的过程，需要在实践中不断摸索，能够保证主体适应性学习每一步都有最大适应度的是 0000→0001→0011→0111→1111，即从原始形态的徽州村落发展首先要关注的是人类生存发展这一基本要素，在得到适宜的生存环境后，村落向前发展面临一系列选择，有的村落选择适应性低的发展路径就可能会引起村庄的衰败或停滞不前，在传统村落复杂适应系统"适应性"游走中，社会文化系统对徽州村落发展演进起到推动作用，成为内核力量，在社会文化的影响下，形成了特殊的地域空间景观，而传统村落想真正达到和谐共生的完美发展，在各个阶段需要多元主体的共同参与(图 5-3)。这里要说明的是，无论 K 值的取值如何，K 值只影响传统村落在发展演化中遇到曲折或失败的概率。如果主体元素之间相互影响越多，主体到达更高适应度所需要付出的成本越多，自身被淘汰的可能性越大。即传统村落在经历长期的外界刺激与内部消耗过程中，有的逐渐消亡，有的愈发强大，这与传统村落本身选择自己的发展道路有关，如果在发展面临选择时，选择了竞争较弱的主体元素就可能会导致主体消亡。

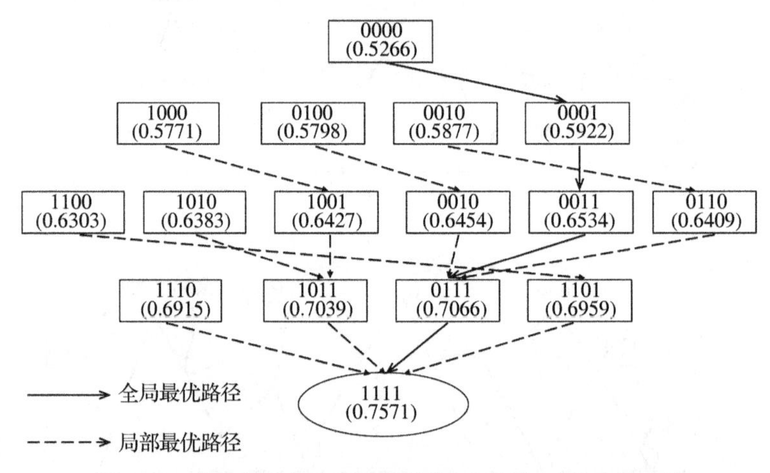

图 5-3 传统村落复杂适应系统"适应性游走"的演化路径

需要注意的是，研究徽州传统村落的系统适应性演化适合度景观需要考虑到传统村落发展的不同生命周期，利用适合度景观所观察的适合度的高低，可以研究当前徽州传统村落主体所处生命周期演化的路径。传统村落的自适应主体演化是多种能力的耦合，传统村落发展演化的提升不仅需要以适应度的提升为前提，而且必须考虑到多种能力之间的耦合协调规律。

5.4 徽州传统村落自适应演化的主要过程与机制

乔杰在做乡村空间研究时选取了生命体视角，基于“个体—群体”的生物学概念理解乡村地域系统，从个体行为和社会组织关系来解释乡村系统的复杂性①。同样，传统村落也具有细胞或自然生命体的组织特征。随着聚集体的不同组成要素不断优化、结构功能的不断重组，以及系统体外部空间环境的重大变化和社会或地域对于村落聚居职能需求的异化等，传统村落聚居系统不可避免地会持续进行产生、发展、成熟、衰亡、再兴生命体周期式的成长发展模式，上文利用 NK 模型分析了传统村落自适应发展路径，以及符合传统村落各系统对发展的贡献度，基于此对传统村落的历史演化机制做具体研究。

5.4.1 形成：从混沌到制衡的秩序性跃升

聚落的发展一般刚开始都是无序的过程，符合从混乱杂居到渐次成序的演进逻辑。徽州地区的先民聚落在原始社会初期形成，主要为了靠近自然资源丰沛的区域以获得更多的狩猎机会和采集来源，实现主体的生存。随着新石器时期农业文明的诞生，人类活动范围反而减小，聚落空间开始变大，由于对狩猎活动的依赖减少，聚落开始由高地走向平原、临溪。

据《禹贡》载，徽州地区历史上吴越政权交替更迭。至晋灭东吴后，改称“新安郡”。《越绝书》曰：“黟、歙以南皆故大越徙民”，山越先民依托地广人稀的蛮荒之地，从山林和河塘中获取充足的食物，不需要像中原地区居民一样为了生存消耗太多的体力与脑力，以自由随机状态定居在广袤的徽州大地，完全依赖地域自然环境系统混乱杂居，多以临时性干栏结构的聚落形式存在，未能形成传世的文明。这一时期自然生态系统在徽州复杂系统中起着主要的作用。

随着三次大的时局变革（见前文所述），稳定的地域系统被打破，被动式接收外界物质、信息和能量流的传输，使得徽州适应性系统内部自身组织机制发生非平衡的结构性变革并产生新的演化序列。南迁的世家大族以严密的宗族结构性组织择地聚族而居，一方面是为了沿袭自身的文化风俗习惯，另一方面是为了适应自然环境和基于原有土著山越民系的生存竞合防御、安全、发展的综合性考量。社会文化系统和多元主体系统开始与自然生态系统共同交织与作用，共同促使徽州地域系

① 乔杰.生命体视域下的乡村空间研究[D].武汉：华中科技大学，2019.

统的表现形式徽州传统村落从混沌向结构性有序转变。

5.4.2 成长:从单核到聚落的集聚性跃升

从“永嘉之乱”到明清之前,徽州复杂适应系统处于成长阶段,南迁的中原移民逐步取代徽州地区原有的土著民系,初步村落秩序形成后,随着农耕文明发展,徽州先民对于土地的依赖超越山林河塘,原有的单核聚落开始慢慢走向积聚,人口规模和村落面积的集聚效应开始显现。

作为徽州最大也是有记载最早中原衣冠南迁的第一大姓氏程氏,通过勾勒程氏宗族在徽州境内的迁徙过程,能够较为准确地把握徽州传统村落复杂适应系统成长脉络的大致特征,可以了解宗族迁徙过程中传统村落的集聚和新生,晋初程元谭作为徽州程氏始迁祖定居歙西黄墩后,后世子孙不断繁衍并形成程氏宗族最早的聚居地。随着生产效率的提高,稳固的宗族结构不断被打破,人口不断析出。据《新安名族志》粗略统计至元代,歙县程氏有 22 个支派,休宁程氏有 39 个支派,婺源程氏有 16 个支派,绩溪程氏有 5 个支派,祁门程氏有 2 个支派,黟县有 1 个,徽州 6 邑共计有 84 个程氏支派,并形成相对稳定的聚落结构。明清时期新增聚落反而鲜见,说明徽州传统村落的系统结构在这段时间属于迅速发展时期,到明清基本处于稳态结构(表 5-8)。

表 5-8 《新安名族志》记载徽州地区各朝代及各区县程氏聚居地

程氏聚居地			
县名	两晋—隋唐	五代及宋元	明清
歙县	黄墩、槐堂、郡城村、竦口、堨田、方村、古城关	荷花池、南市、岑山渡、临河、岩镇村 1、岩镇村 2、虹梁村、元里、表里、冯塘、褒家坦、云雾塘、托山、唐具	五里牌边
休宁	汊口、闵口、山斗、古城、溪口、临溪、陪廊村、商山、浯田岭	率口、阳村、南山、富溪、中泽、藤田、渠川、芳关、浯田、上草市、率东、冲山、泰塘、横干、仙林、梅林朱汪、霞阜、古墩	榆村、遐富、黄石、会里、牛坑、溪头、蟾溪、北村、西馆、瑶溪、溪坦房、金川
婺源	枧溪、高安、长径村、彰睦、溪源	剑潭、香田、城东、西湖、种德坊、常溪、龙坡、中平	舆孝坊、香山
绩溪		中正坊、程里、仁里、大谷、小谷	
黟县		南山	
祁门		善和、程村	

徽州宗族社会的演化其实就是传统村落系统适应性的表征。随着宗族繁衍，如果原生单核村落所提供的诸如土地、住房等各类能量和物质资源能够承载更多的人口积聚，也就是自然生态系统的承载能力还在阈内，这种类型的传统村落便迅速集聚，形成更大规模聚落；当生态系统难以维系时，在需求导向下，主体开始为了适应生存不断析出，表现在空间上的人口流动和居民点的增多，表现在社会结构上的宗族分支不断裂变，但受共同文化价值取向和血缘影响，新增聚落仍然与始迁祖的集聚点保持千丝万缕的联系。通过族派——门派——房派——支派——家庭的体系（图 5-4），以共同的祭祀、共同族产等宗亲活动维系庞大的宗族社会网络。在这段时期的演化过程中，社会文化系统的作用开始凸显，与多元主体的调适过程更加频繁，自然生态系统作为聚落空间系统承载的基础而存在，但依赖程度有所下降。

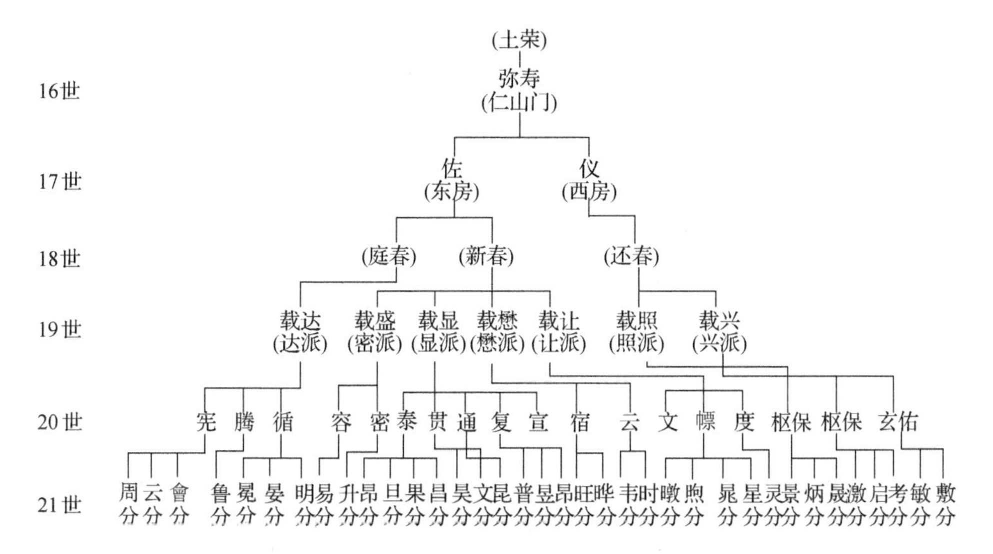

图 5-4　善和派仁山门程氏支派世系

（图片来源：引用于明清祁门善和程氏宗族研究）

5.4.3　成熟：从简单到复杂的层次性跃升

明清时期徽州传统村落系统最为稳定，新增聚落较少，随着社会环境的稳定和长期崇文尊宦的文化氛围积淀，传统村落迎来了高度的繁荣与发展。尤其是徽州重商文化的兴起，农耕和早期资本萌芽在该地域系统中交互作用，原本简单的线性的村落发展逻辑开始迈向层级网络化发展，空间形态和多元主体的交互都呈现出多样性和复杂性。

成熟阶段的徽州传统村落系统主要依托内部竞争和协同演化，从机制上而言，复杂系统的演化一定是内外驱动共同作用的结果，作为层次跃升过程中的徽州传统村落系统，外部作用主要源于自然环境系统提供的物质基础，历史多阶段的抉择和封建社会农耕文明的社会结构为地域系统提供了稳定的生存环境和空间格局。内部驱动主要源于文化环境（宗族、堪舆、徽商文化）和人多地少的现实小农经济结构，迫使个体村落和居民主动打破地域的独立性，通过竞争改变生活、生产方式，在接近自然环境容量的承载限度时，主动借助外界能量，通过新安理学君臣义的社会氛围规制、宗族共同权力治理、置族产培育徽商、相天法地对聚落空间的改造等一系列的内部竞合继而通过财富回流将宗族观念输回故里，大量修建宗祠聚落、编制族谱等嵌入。确保传统村落系统的主体社会地位、聚落空间形态等实现层次性跃升。如同 *NK* 模型描述传统村落复杂适应系统“适应性”游走规律，社会文化系统对徽州村落发展演进起到推动作用，成为内核力量，在社会文化的影响下，形成了特殊的地域空间景观，而传统村落想真正达到和谐共生的层次性跃升，需要各个阶段多元主体的共同作用（图 5－5）。

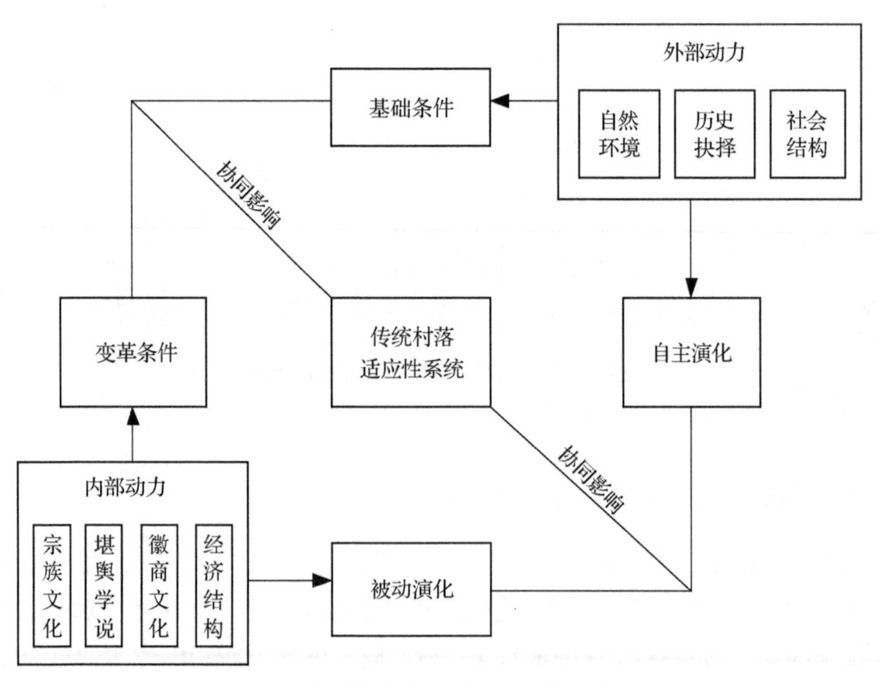

图 5－5　徽州传统村落成熟阶段的适应性机制

5.4.4 衰亡:从鼎盛到衰落的结构性跌落

按照复杂系统演化逻辑,衰亡多是伴随着主体的结构性跌落而产生,徽州传统村落系统衰亡同样基于驱动力来说是内外合力的结果。概括起来,徽州的结构性跌落来自两个方面:其一,灾害性分化,如大的自然灾害、地质灾害、水灾等导致村落在应对自然灾害时的自身抵抗力不足;其二,破坏性分化,多指外力或者人为性的强力干预导致的系统结构性崩塌,如战争、体制变革等。具体而言,徽州传统村落系统的破坏性分化主要来自:① 历史上鲜少发生战争的区域遭遇战乱兵害(太平天国运动),导致人口的大量锐减,聚落空间遭到空前破坏,给区域经济和宗族社会结构造成破坏。② 多元主体之一的徽商衰微。清政府在朝代中期为了实现兴起,废除了纲盐法,并实施了“给票行盐”的制度,行盐专利权从徽商手中被剥夺。并且因为国家的财政困难,清政府严厉追查徽商多年的盐税,徽商因此破产并一蹶不振。③ 徽州宗族治理结构的跌落,宗族治理的权力体系一直被认为是封建社会制度的缩影,成为近代中国社会斗争的矛头。新中国成立以后,随着土改工作的进行,宗族所控制的族产、祠堂等维系宗族权力的物质基础被没收分给劳苦大众,标志其经济基础被消灭,公有制代替私有制,行政村的两委自治结构取代封建宗法,宗族结构瓦解、组织渐消亡。④ 改革开放以来,中国社会正在面临一场大变革,城镇化进程对传统村落系统带来前所未有的冲击,城乡人口流动愈益频繁,现代就业环境的优化和生活的舒适性不断吸引大量青壮年主体逃离村落,主体的“不在场”导致聚落空间走向功能性衰退。

5.4.5 再兴:从无序到新的有序的复杂性再生

传统村落的再兴一定是伴随着功能的更新与聚落空间的活化,这些村落借助外力(市场、政策利好等)的作用,依托内部自身有利条件,通过自组织与他组织的协调适应,获得新的自适应演化的牵动力,这种牵动力一定是聚落空间系统、自然生态系统、社会文化系统与多元主体系统竞合的结果,传统村落系统通过摆脱制约,多元不断改变事物状态,创造新的积木,通过新的结构和模式的呈现制止村落的跌落,以更多组织层次的生成结构实现徽州传统村落复杂适应系统的再生,进入新一轮的无序到有序的循环。

现阶段关于保护优秀传统文化的政策利好,使得徽州传统村落的文化复兴受到更多的重视,传统村落虽然失去了往日的盛况,但是依托徽州传统村落固有山水景观、徽州文化、特色风貌，在政府、当地居民、企业等多元主体的共同作用下，创造了大量的就业机会和产品供给，以旅游作为一种新业态的形式将传统村落带向再兴发展。

5.5 小结

作为复杂系统的徽州传统村落，随着聚集体的不同组成要素不断优化、结构功能的不断重组，以及系统体外部空间环境的重大变化和社会或地域对于村落聚居职能需求的异化等，传统村落聚居系统不可避免地会持续进行产生、发展、成熟、衰亡、再兴生命体周期式的成长发展模式。

从当下外部环境变化和传统村落自适应过程来看，徽州传统村落处于衰败走向再兴的当代振兴跃升阶段，表现在外部宏观政策背景主要是国家乡村振兴战略和对弘扬传统文化的时代要求，表现在内部的挑战主要是传统村落发展过程中自身面临的瓶颈。具体表现在以下几个方面：

1）传统村落空间肌理保护较弱

徽州传统村落作为历史文化遗产，保护存在明显的差异性，基本上经济发达程度与资源保存程度成反比，经济条件较好的地区现代化开发程度更高，城乡建设力度更大。对于那些因旅游兴起发展起来的传统村落，外来资本介入较早，尽管都在呼吁旅游收入反哺村落修缮，但由于过度商业开发导致传统村落作为历史文化遗产的原真性不断丧失，在以现代化生活导向下改善传统村落人居环境、传统村落宜居性改善与历时性保护矛盾尚未形成成熟的规划范式、保护的经济价值难以形成较高经济产出的背景下，地方政府、开发主体甚至居民更多倾向于开发建设而轻视原真性保护。更多的经济、政治绩效、舒适性的追求导致了开发式破坏加剧，诸如用改造城市风貌的方式治理传统村落的基础设施和风貌整治：瓷砖贴面、大理石铺地、公园式绿化等，尤其近年来设计下乡过程中，现代建筑技艺和外来地域营造理念用于传统村落的改造利用，看似是多元化视角保护传统村落，但传统街巷的空间肌理遭到严重破坏，历史遗存的风貌也是不伦不类从而传承数千年的遗产价值遭到损耗。

2）城镇化进程中生态环境—土地—经济—社会问题

在快速城镇化进程中，徽州地区县市均处于人口净流出状态，整体而言徽州传统村落陷入了衰落，经济基础、社会结构都受到巨大冲击，由此产生一系列的问题，其中，尤以乡村更为严重。城镇化推进需要将农村的土地资源转化为城镇建设用地，在快速城镇化进程中，由于缺少合理的规划，大量耕地资源被汲取，致使本已人地矛盾比较尖锐的徽州地区土地资源越来越少，增加了大量的农村富余劳动力，加大了农民从农村向城市的流动。

经济发展面临的最突出的问题是本地经济发展受阻。在农业方面，传统农业生产在社会经济发展中处于弱势的地位，农业的增长受土地等因素的制约，而且通过农产品的销量和价格来增加其收入效果微乎其微。对徽州农民来说务农的收入少，基本只能解决温饱问题。在工业方面，徽州地区传统手工制造业走向衰败，自身工业现有条件和基础薄弱，同时人才流失，缺少区位优势，处于生态补偿区，诸多条件的限制导致徽州工业发展的滞后并缺乏动力。尽管旅游服务业方面有一定的发展基础和本土特色，但受限于单一模式和规模，仍然独木难支。所以造成大量的年轻劳动力外流，进一步加剧了恶性循环的形成。

外流的劳动者多半是精壮的青年人，他们的流失直接导致徽州地区劳动力减少，一方面使得本地"造血"机制难以形成，使本地村落失去了原有的生机，日益萧条；另一方面又造成了"空心化"问题的出现，尤其在农村地区更广泛地出现了"空巢老人"和"留守儿童"的社会危机，传统的社会基础走向崩塌。

20 世纪 80 年代以来，政治层面的设计开始意识到徽州地区生态资源的难能可贵，开始有限度地开发，广泛采取了分散化的工业发展模式，县、镇，甚至村都发展工业区，工业发展非常不集约，这种不集约反而导致了生态环境破坏、生态屏障因圈地而受损等各种环境问题。

3）旅游发展问题

徽州地区历史文化资源丰富，对于发展文化游览具有很大的潜力。意图通过旅游发展促进村镇经济是绝大多数徽州传统村落的期望，现实也是如此践行。在尝试进行旅游业发展的过程中也面临诸多问题。

（1）旅游发展不平衡。不平衡主要表现在缺乏区域效应和明星资源与普通资源保护利用两极分化。徽州有大量古村落分布，每个点之间既有区别又有联系，形成了非常巨大的网络。但发展以后，因各自利益主体的不同，各自为政，不仅未能形成区域效应，相反引发了恶性竞争。世界文化遗产西递、宏村在旅游接待方面已不堪重负，但其他村落的旅游经营状况大多不够理想，缺乏外界的关注。

（2）旅游模式单一。观光游主导下的景点同质化竞争。由于徽州现在主要的旅游方式还是观光游，即便是自驾旅游兴起后，散客们大多仍通过观光方式对传统村落进行参观。由于徽州地域系统有着类似的文化背景，表面上看物质上也具有一定的相似性，当这些传统村落以古民居、古井古树、祠堂牌坊等趋同性较强产品投入旅游市场，对大部分游客而言就呈现“千村一面”的景象。

(3) 利益主体关系混乱，利益分配不尽合理。

传统村落衰落的根源在于缺乏自我改善的内生机制和能力，因此各个传统村落期待能有外来的公司进行旅游开发。但是外来公司也会带来各种问题，部分企业片面追求经济效益，目前很多传统村落均被旅游公司承包，进行旅游开发。虽然旅游公司在一定程度上会改善村落环境质量，修缮建筑，但这部分工作仅在旅游核心地段，村落其他部分仍然得不到改善。同时，旅游公司的重点是对经济利益的追求，不适当的改建、建造假古董等都对传统风貌造成影响。另外，皖南地区还存在一种圈地现象，即以先占有资源为目的的承包现象，这些旅游公司并不具备开发景区的实力，但以抢占资源为目的签订长期承包合同，导致村落衰败，这种现象对未来发展不利。此外，企业和居民的利益不平衡。在传统村落的旅游开发中，企业需要投入资本进行前期改善和日常经营，同时不少企业还会对古村落居民进行经济补贴。但由于不同的村落运作情况不同，不少村落的改善和补贴难以达到居民期望值，从而产生利益纠纷。

6 徽州传统村落社会空间重塑

6.1 徽州传统村落社会空间变迁

随着我国步入“新常态”，经济社会结构不断优化升级，第三产业、消费需求逐步成为主体，城乡区域差距逐渐缩小，区域整合带动着地方空间的重构和空间向社会转向，传统村落社会空间也正发生着巨大变革。在乡村社会现代化转型的进程中，乡村社会愈加开放包容，乡镇政府、基层党组织、社会组织、企业资本等进入乡村治理场域并发挥重要作用，多个维度的乡村治理主体在平等语境下相互协作，是在社会结构意义上和城乡融合进程中实现经济、政治、文化、技术等方面的关联性互动的必要条件。大规模的人口流动和跨区域、跨文化的频繁交流，对传统村落原生环境产生了持续性的冲击。外来游客、旅游开发者、科研工作者等诸多行动主体带来了一系列的社会实践，使传统村落内部空间从“封闭空间”变为“流动空间”再转变为“社会空间”，引发了物质、社会、精神等多维嬗变，空间被不断地生产与重构，影响着传统村落的社会空间结构与可持续发展。

1）经济关系变革催生社会角色与思想观念变迁

经济的发展使村落内部村民的社会角色从农民转化为商人等各类服务于村落发展的社会角色，村民的生计方式、就业结构与收入水平等方面发生了转变。其中，旅游发展推动着村落经济的进步，村民的心理空间即思想观念也逐渐发展变迁，村民的公平正义感与增权需求不断提升。

2）旅游等产业的进驻改变着经济关系与用地结构

经济的发展是村落可持续发展的内在保证。旅游产业链的形成，说明村落内部具有了内生式发展的力量，村落可以提供商品、食宿、游览服务等。实质上，商业运作理念在村落内部以做旅游生意为生的居民心中已经成为生活中必不可少的部分，也因此盘活了乡村资本，实现了村落内部产业有效转型，实现了传统村落的振兴与可持续发展。

3）社会角色与生产生活方式变迁推动了文化传承与异化

村民社会角色的变迁，生活方式的改变，推进了本地文化与产业文化的融合共生。在村落旅游发展中，为吸引旅游者，村落中村民的自身角色发生变迁，其生活方式不再以耕种与外出务工为生，大部分村民将旅游业作为营生的根本，将本土文化与商业文化相结合，以吸引旅游者。

传统村落被称为中国乡村历史文化与自然遗产的“活化石”，是认识中华农业文明的金钥匙。徽州传统村落凭借其独特的乡村文化景观，吸引了大量旅游者前来参观，村落旅游业得到了蓬勃发展。大量涌入的游客，打破了村落原生的人地关系系统，村落原生的社会生产关系发生了深刻变革。在进行旅游开发的过程中，社会空间被不同力量的空间生产者在利益博弈与空间实践过程中实现自身的空间变迁，并且利用旅游者的空间想象实现了文化消费空间的诞生。这一空间生产与变迁过程不仅是物理结构的，更是嫁接与社会结构层面实现的，村落内部为实现旅游发展大面积地拆迁、整治，为传统村落社会空间内部空间重构、典型乡土传统空间的传承与保护创造了条件，使传统村落逐渐从一个原生的乡土空间转向为典型的乡村型旅游景区，实现村落内部经济活动活跃，空间撰写升级。然而，与此同时伴随的则是大量村民生产生活空间被重置、挤占，生态空间遭受巨大压力。

就徽州传统村落来看，旅游业的发展带来的社会空间转型表征最为显著，极大地推动了乡村产业升级、空间更新、文化传承、村民增收[①]，旅游开发成为振兴传统村落的一种重要途径[②③]。然而，在村落旅游开发过程中，也给传统村落造成了诸如商业开发过度、传统文化断层、村落面貌失调、生态破坏等问题，以往基于“产业链”思路构建的乡村旅游发展逻辑难以解读当前村落旅游面临的问题。

当前，发展旅游业仍然是徽州传统村落实现乡村振兴的首要抓手，但在发展过程中如何避免以上问题，改善村民生活品质，并促进我国众多的传统村落走上可持续发展的道路，是当前亟待解决的难题。目前，国内外学者的研究焦点方向着眼于传统村落的保护与发展、旅游开发等方面，均是基于个案的考虑，由于共同地域文

---

① 孙九霞，黄凯洁，王学基. 基于地方实践的旅游发展与乡村振兴：逻辑与案例[J]. 旅游学刊，2020，35(3)：39-49.

② 吴必虎. 基于乡村旅游的传统村落保护与活化[J]. 社会科学家，2016(2)：7-9.

③ 孙琳，邓爱民，张洪昌. 民族传统村落旅游活化的困境与纾解：以黔东南州雷山县为例[J]. 贵州民族研究，2019，40(6)：53-58.

化的浸润，徽州传统村落的旅游开发具备一定的共性，当前村落旅游出现一定的同质化竞争等问题。研究基于价值网络重构的视角，结合已有相关研究成果，对徽州传统村落旅游空间组织模式进行分析与重构。

6.2 旅游刺激下的产业空间演进

6.2.1 传统村落旅游产业价值链

传统村落旅游是以村落文化为核心，农业为基础，村落传承振兴为目的，特色体验与服务为手段，城镇居民为目标，一二三产融合的新兴产业。旅游产业集群指在一定地域范围内存在一定联系的旅游企业聚集现象，基于价值链视角可以理解为存在利益相关，即功能互补、利益协作、竞争提质等关系。旅游产业的快速发展依赖于完整的产业价值链，其核心是旅游六要素“吃、住、行、游、购、娱”。从供给与需求的视角出发(图 6－1)，有助于全面了解传统村落旅游空间的组织逻辑。

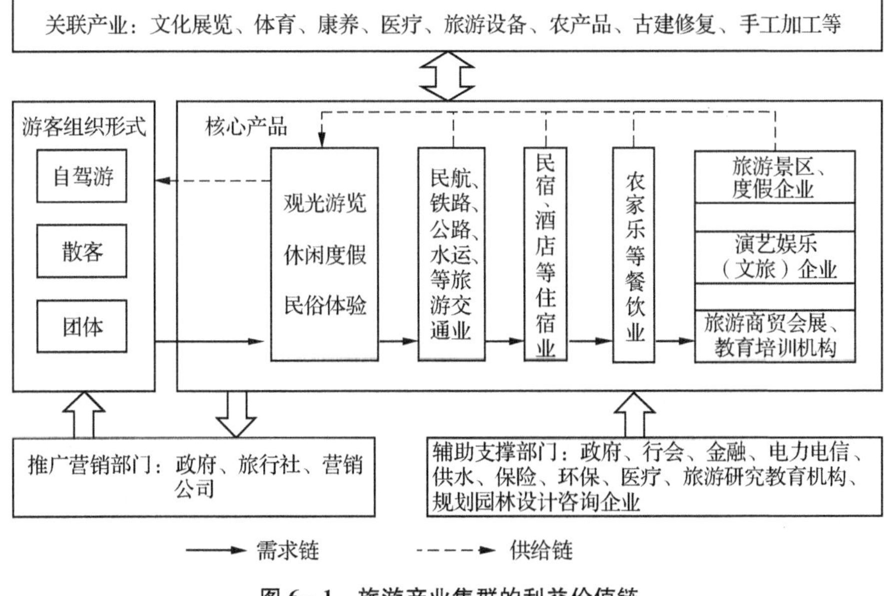

图 6－1 旅游产业集群的利益价值链

基于供给侧是指向为游客提供愉悦性休闲体验的企业集合，以满足旅游者消费需求。主要包括旅游服务、旅游设备、农产品加工、文化产品销售等，这类企业可跨越地理范围界限，无论在传统村落内部或外部，均可借助现代技术，实现以村落为核心的集群产业服务。基于需求侧，随着生产力水平的提高，人均可支配收入增加以及人民对美好生活的向往，消费者旅游需求在不断变化，主要有需求的个性化、不确定性以及需求主体的多元化等。而旅游需求的变化，对传统村落的交通、食宿、信息、服务等提出了新的要求。

但由于传统村落保护与旅游开发、地方经济发展之间的矛盾，当前传统村落旅游依然存在着诸如传统文化挖掘利用不到位、资金支持缺乏、游客接待周期性超载、商业化倾向严重、旅游管理较为混乱等问题①。

6.2.2 传统村落旅游空间演进过程

旅游空间演进即旅游资源整合的过程，通常以自身特色资源点为基础，交通轴线串联起了内在联系的资源点，构成点—轴串联的发展模式。再通过旅游要素的集聚，使点—轴的旅游辐射范围进一步扩大，并形成网络化的旅游空间格局。

徽州传统村落旅游空间演化建立在村落价值挖掘、旅游竞争、设施完善的基础上。较早进行旅游开发的村落成为区域内最初的旅游核心，承担旅游功能的集聚与扩散功能。随着交通网络的形成、旅游规模的扩大、大量传统村落相继发展旅游等情况的出现，徽州逐渐形成多个旅游地核心，游客市场相互补给流通。在区域点—轴关系和服务能力半径的影响下，区域多级旅游网络逐步稳定。徽州地区传统村落旅游空间形态大致可划分为三个阶段(图 6 - 2)。

1) 极化吸引阶段——单中心旅游地扩张模式

徽州地区传统村落众多，旅游资源禀赋存在差异、旅游基础参差不齐。较早开发村落旅游的是歙县棠樾村，随后西递、宏村、南屏、呈坎、龙川等传统村落相继开展了旅游开发活动。以上传统村落邻近城镇，交通便利、基础良好，集中了区域内大量资源完善的旅游基础设施，对周边旅游要素产生虹吸效应。而早期的旅游产业链还不完善，受交通、管理等成本的限制，以传统村落为核心的旅游服务能力较弱，且区域内市场经济发展不均衡，各区县内村落旅游开发难以做到同步进行。因此，徽州地区内各类旅游资源均围绕较早进行旅游开发的传统村落集聚，逐渐形成了以黟县西递、宏村，歙县雄村、许村，徽州区蜀源、西溪南等为核心的旅游地扩张模式。

---

① 李久林，储金龙，李瑶. 古徽州传统村落空间分布格局及保护发展研究[J]. 中国农业资源与区划，2019，40(10)：101 - 109.

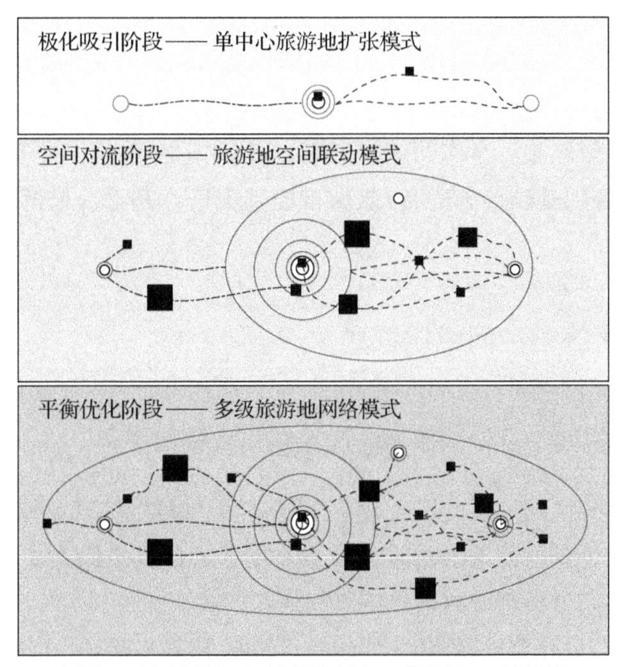

图 6-2 徽州村落旅游空间发展阶段示意

2）空间对流阶段——旅游地空间联动模式

较早开发的旅游核心在自身发展的基础上，逐步向周边地区扩散，带动了周边村落的旅游开发进程。黟县南屏、关麓，婺源李坑、江湾，绩溪伏岭等大批村落相继得到开发，传统村落旅游资源开始得到广泛而深入的挖掘，旅游企业出现竞争。旅游发展路径基本渗透到徽州地区所有村落，旅游产业资源在空间上逐步得到较为合理的配置。各村落旅游地在地域范围内不断延伸、交织，使传统村落旅游空间演化为更高级、系统的空间形态，逐渐呈现出以传统村落为旅游中心、各区县传统村落客源互通的旅游空间联动发展模式。

3）平衡优化阶段——多级旅游地网络模式

近年来随着乡村旅游的兴起，传统村落旅游也迎来了迅猛发展。徽州村落各类资源条件的差异，使其在区域中所展现的旅游功能不同，推动着传统村落旅游体系的建立。各区县内的传统村落旅游项目日益丰富，形成了风格不一的村落旅游业态。宏村古建筑群、北岸廊桥、阳产民宿、伏岭徽菜、碧山书局、婺源梦里人家、篁岭晒秋等极具徽州特色的旅游形象深入人心。村落间的旅游产品、服务相互补充，互相竞争旅游客源，极大地刺激了游客消费。在区域政策、经济、社会、交通等的协调下，依托已有的旅游空间功能架构，充分促使旅游要素流动，把各村落连接成为网络化形态，逐步形成多核村落旅游的网络模式，促使区域旅游产业联系更为紧密，区域旅游空间整体互动发展。

网络模式是区域旅游合作的理想形态，范围内的村落旅游业受到区域经济的支撑，以致村落各项基础设施完备，旅游市场基本培育完善。村落间差异化发展，实现合作共赢。

6.3 传统村落旅游空间组织模式

6.3.1 基于价值网络重构的旅游空间组织模式分析框架

传统村落旅游空间形态的发展，本身就是一个乡村旅游产业整体发展、系统运动的过程。确定传统村落旅游的组成要素有助于理解其空间组织模式，研究基于旅游价值的传递来分析传统村落旅游空间组织模式。

分析框架由村落价值挖掘、价值创造、价值获取、村落实现四个方面构成(图 6－3)。基于价值网络的视角，首先需要从游客需求来挖掘传统村落旅游价值，结合村落自身的价值诉求，基于区域旅游配套设施的完善建设，创造传统村落的旅游产品及项目，在旅游活动中获取价值，并实现传统村落的传承与发展。传统村落的旅游价值主要通过挖掘村落文化底蕴及自然风光实现，旅游设施配置、客源市场的维护是传统村落创造其价值的最重要的策略，而所获取价值的多少则主要取决于旅游组织模式、旅游产品及服务两个因素，旅游收入与成本结构体现了其价值实现要素。村落旅游价值通过旅游产品、服务、旅游组织方式等途径传递给游客，旅游设施配置与旅游企业的竞争关系密切，客源市场主要与村落旅游服务功能、旅游企业引导有关，旅游收入通过村落旅游开发主体组织形式表达，成本结构取决于旅游开发的消耗方式。研究将基于价值网络重构的视角，从以上方面对传统村落旅游空间组织模式进行探究。

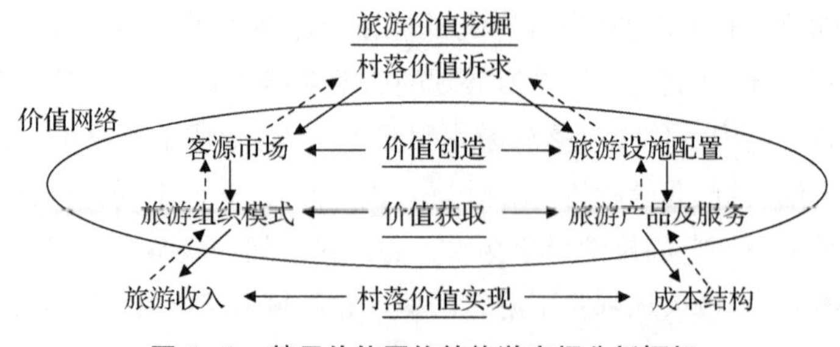

图 6－3　基于价值网络的旅游空间分析框架

6.3.2 传统村落旅游空间组织模式

基于价值网络理论的旅游空间组织分析，结合徽州传统村落旅游空间形态发展的探究，发现徽州传统村落旅游空间体系呈现多核、多层级的组合，在功能上呈现出网络化系统的理想状态。传统村落内多元旅游要素的差异化发展，创造出文化、经济和社会等多维度的价值。传统村落旅游空间组织应以地域文化景观资源为基础，村落生态保护为前提，在明确的区域旅游定位下，结合徽州旅游发展经验，从传统村落旅游的利益主体、产品、服务等方面探究徽州传统村落旅游空间组织模式（表 6－1）。

表 6－1　基于价值理论的旅游空间组织模式

开发方向	开发模式	核心内容	优势	劣势
管理综合化	多元混合效应模式	多元开发管理主体，优势互融	易构建完备的价值产业链； 有效降低政府投入； 各环节优势发挥充分	对村民能力要求较高，涉及群体较多，收益分配存在冲突
产品多元化	空间功能提升模式	发展特色旅游产品与服务，全面提升旅游品牌效应	不易形成同质化产品竞争； 有利于提升村落旅游规模	乡村环境易遭受破坏
旅游生活化	原生态发展模式	旅游空间与村落其他功能空间相融合，展示村落传统文化面貌	利于村落生态保护； 村民参与性提升明显	服务能力有限，难以形成规模化经营
服务智能化	智慧旅游组织模式	旅游＋信息技术	服务效率提升显著； 管理难度降低	旅游投入较高

1）多元混合效应模式

传统村落旅游参与主体众多，利益错综复杂，研究选取四个直接参与或影响村落旅游空间开发的主体进行混合效应分析（图 6－4）。政府机构在传统村落旅游开发中承担着政策引导的角色，对区域旅游资源的配置、旅游设施的建设等起到重要调配作用，而村落旅游开发也能够通过旅游财政税收反哺前期设施建设的投入。行业组织主要包括与传统村落相关的旅游行业协会等，在传统村落旅游空间组织中，为村落旅游空间组织提供技术支撑。这两者又组成传统村落旅游的社会支撑单元,为村落旅游空间开发提供基础。作为传统村落旅游空间开发最直接的利益主体村民来说,旅游开发能够促进村落更新与传承,因而最为关注与支持传统村落旅游开发。旅游企业是村落旅游开发的执行者,遵从政策引导、村民诉求、市场支配,并从中获取价值。

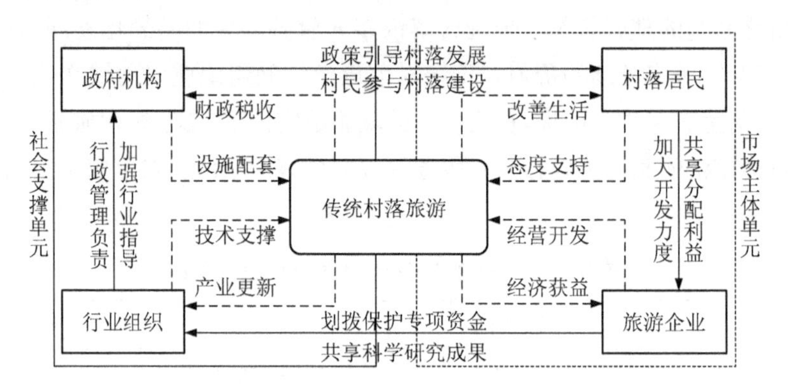

图 6-4　多元混合效应模式

各利益主体之间联系密切,均以村落可持续发展传承为目的。其中,政府机构和村落居民尤为注重传统村落的自然环境与人文遗产的保护,而旅游企业为使利益最大化容易导致村落旅游开发过度商业化。多元主体混合模式有利于融合各类主体的优势,对传统村落的传承与发展起到积极作用,极大地促进了村落旅游空间科学合理开发。

2) 空间功能提升模式

空间功能提升模式侧重于在现有旅游空间的基础上进行旅游产品与项目的开发、旅游营销的创新,重点在于挖掘传统村落特色资源,提升旅游空间效益。

旅游产品与服务是传统村落旅游空间组织的核心。旅游产品的设计,应立足传统村落特质文化,以客源市场调查与游客行为分析为基础,开发如村落观光、度假体验、康养村居、商务会议等多种类型旅游产品,并在此基础上有机融合不同类型产品,满足各类旅游需求。旅游服务最直接影响游客体验与村落品牌,首先应优化完善旅游空间外在形态与环境设施,其次衔接好价值链上下游企业,构建完善的旅游服务体系。

旅游营销的目的在于改进传统村落旅游在市场中的竞争优势,营销策略的创新需要适应同质化、动态化、竞争激烈的市场。据此,在旅游产品项目创造的基础上提出集群营销、分类营销与精准营销三种营销思路。集群营销即联动区域范围内的景区、整合传统村落旅游价值链中各类旅游资源及营销方式,促使传统村落旅游推广范围扩大、广告效应增强。分类营销指对传统村落旅游资源进行优势资源聚类，发挥资源核心竞争优势，通过核心资源产品的带动作用，促进周边产品与项目的推广。精准营销即对人群特征进行分析，对家庭游客、企业团体等不同类别游客定向宣传不同旅游服务。

3）原生态发展模式

村落的原生态发展模式旨在避免过度商业化旅游开发，侧重于将村落旅游空间与其他功能空间融合、旅游产业与现有产业融合，从而形成以旅游发展为核心的村落转型，促进"村落景区化"，保持延续村落活力。

特色资源是传统村落旅游开发的基础，发展旅游首先应树立保护性开发的思想。严格划定村落生态保护红线，广泛而深入地调查村落物质与非物质文化资源，营造山水文化景观，优化村落旅游空间形态。将旅游空间与村落生产、生活、生态空间融合，向村落文化、教育等领域拓展，引进现代农业技术，在保障农业发展的前提下将农业资源转向旅游资源，实施"旅游＋"策略，形成"旅游＋农业""旅游＋文创""旅游＋休闲"等全新的村落旅游产业链。如徽州现存大量闲置的祠堂、旧书院、房屋等，可融入文化要素将其改造为农业博物展示馆、农村主题图书馆等公共活动场所，从而避免大量新建建筑。另外，诸如舞风、编竹篮、篆刻等传统技艺与旅游的融合，可有计划地组织引导村民在村落公共旅游活动空间中展示、切磋，一方面能增强旅游体验、吸引游客，另一方面也能够丰富村民日常文化生活、复兴传统文化。

4）智慧旅游组织模式

智慧旅游以本土优质自然资源与文化资源为核心，意图通过现代技术手段，在政府机构全域引导下实现区域旅游资源的智能化调配，促进区域联动、城乡协同、村落旅游空间的拓展，促进服务业、新型农业、文创产业等的互动，增强旅游体验，从而保障村落传承、发展村落旅游(图 6－5)。

根据旅游大数据分析村落旅游在各时节的表现，针对低迷期推出特色文化项目，引导错峰旅游，缓解村落旅游压力。应用新技术手段，建构智慧徽州传统村落旅游信息服务平台，促进村落传统文化与现代旅游、现代科技的结合；开拓智慧徽州导游系统，整合徽州地区传统村落旅游资源至同一平台，使自驾游散客能够在移动端及时全面了解传统村落交通、食宿、景点等信息。通过数据分析及时更新升级村落旅游的配套设施(道路、农家乐等)容量以及匹配村落生态承载容量，优化管理体系。

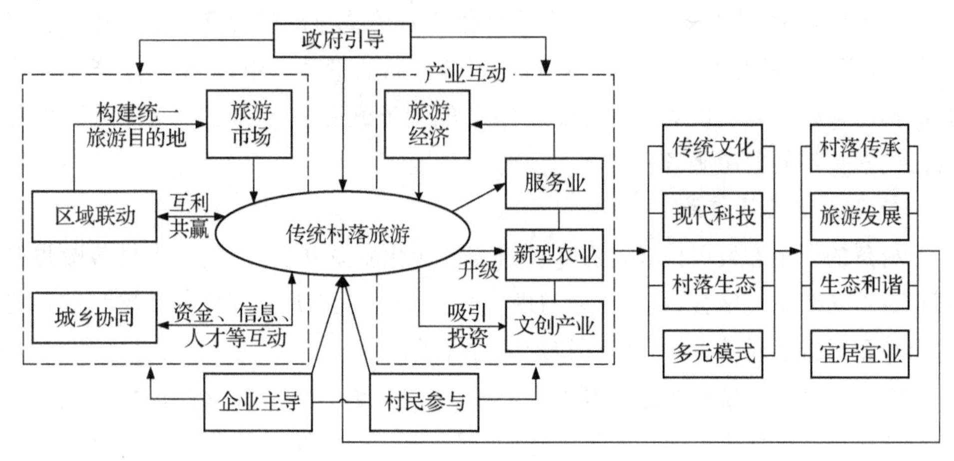

图 6-5 智慧村落旅游模式

6.4 传承发展语境下的传统村落社会空间重塑路径

对于千百年来徽州传统村落魅力的成因，以及社会经济和文化发展的逻辑，基于前文综述发现大量学者做出了积极的学术贡献，都在试图揭示可以被认知和借鉴的规律，并探索传统村落的价值及其在当代的适应性保护利用方法。然而，对聚落与聚落之间的联系、聚落与社会之间的关系，聚落的规划、秩序、制度及其管理等方面深入不足，注重物质空间研究，社会空间与物质空间融合不够。

根据上述徽州社会结构的解析，整个徽州社会进化的过程其实就是中国封建社会宗族组织的进化史，聚族而居的社会构成，宗族迁徙形成的天然联系，相互熟知帮助，族规族约共同维护休戚相关的生产生活秩序，地缘的共同生活产生了生产性和家族性共属意识，使得徽州传统村落完全具备德国社会学家滕尼斯的《共同体与社会》中所描述的"共同体"①特征。

前述章节对于徽州传统村落适应性主体的特征揭示中也能很清晰地发现主导徽州传统村落的形成过程不是现代建筑思想中所倡导的"功能"，而是"人"，是一种"非正式制度""自然式"有机演进，村落建设是"人"主导的朴素生活哲学。以"新安理学、宗族法理"构筑的"共同体"社会结构，形成的宗法制度来营造传统村落社会

① 李伯华，刘沛林，窦银娣，等. 中国传统村落人居环境转型发展及其研究进展[J]. 地理研究，2017，36(10)：1886-1900.

秩序空间，继而这种逻辑通过物质空间载体进行权力运作。

纵观徽州传统村落复杂适应系统的演化规律与逻辑，作为我国独具特色、别具一格的地域历史文化遗产，我国民族乡土建筑中天人合一的生态观、虚实相生的形态观和雅俗兼备的情态观的有机结合得以体现。通过解构其系统的复杂性特征，发现新安理学与宗族法理作为社会文化系统内涵在整个系统中充当了内部模型的角色规制着徽州地域空间秩序的营造方式和模式，从空间格局到“门当户对”的社会生活，始终贯穿传统村落社会空间共同体秩序建构的全过程，渗透到日常生活的方方面面。在这一过程中，宗族关系网络成为共同体维系的纽带，通过宗族权力以利益驱动和文化渗透支配个体产生文化认同，继而嫁接到物质空间环境，以其空间秩序的表现，巩固封建宗法制的堡垒，促使其共同体秩序空间的再生与延续(图 6-6)，又积极运用联姻、协商合作等方式自我调控，维护传统村落社会秩序的稳定与繁荣。这种权利支配逻辑俨然成为传统社会中国乡村治理的主要社会力量。

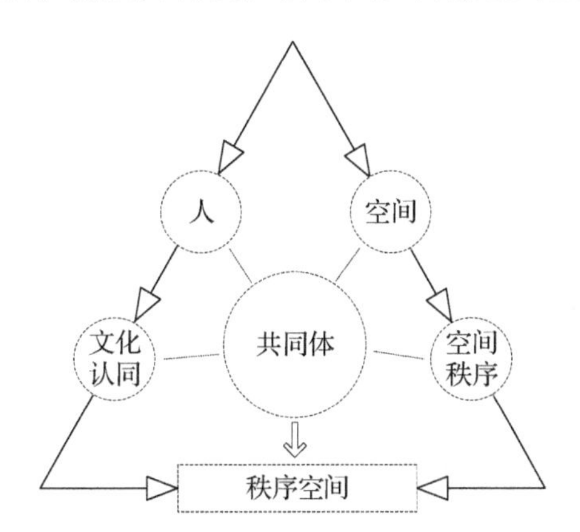

图 6-6　传统村落共同体空间秩序作用过程

然而随着城镇化进程的迅速推进和市场经济浪潮的冲击，这种稳定的生产关系、社会关系和人口构成发生了根本性的改变。现代性的植入加速传统村落的脱域进程，其社会秩序的空间构成发生解体，秩序空间的结构基础逐步崩溃。传统村落作为共同体的空间载体，其物质空间形态与当代社会生活的精神内涵发生偏离，使得其传统文化价值和精神内核难以适应当下的社会生产生活。从外部冲击来看，城镇化与旅游开发等多重影响带来的商业开发导致传统村落生态系统的变化，物质文化景观的消失，传统的文化价值体系不断消逝；从内部发展来看，农业发展与资源环境的匹配，农民物质生活水平的提高和文化消费需求的提升都影响着传统村落文化内容的建构和空间载体的建设①。

2018年中共中央印发《中共中央国务院关于实施乡村振兴战略的意见》，并出台《乡村振兴战略规划（2018—2022年）》，明确指出乡村振兴要创新乡村治理体系，走善治之路。传统村落作为弘扬中华优秀传统文化的物质遗产，是代表中国农耕社会精神文明的乡村典范。在传统乡土社会空间秩序被打破的情况下满足村民生产生活的内容和复杂化的需求，传承其历史演进过程中所形成的传统价值和记忆空间秩序，势必要尊重传统村落发展的特点，依托乡村振兴要求，把现代法治理念融入乡村价值体系，建构新型共同体空间秩序的治理体系，将历史形成的具有唯一性的文化认同感、主体性、凝聚力和特色资源予以激活，从文化传承和村落转型发展探究传统村落的价值利用与社会空间活化的新路径。

6.4.1 旅游产业推动下的产业空间振兴路径

产业是传统村落活化的原生动力，社会空间重塑的根本动力在于人的真实生活生产。要真正实现真实社会生活空间的修复，就要认识到传统村落在传承中华文明，维护文化的多样性，增强社会对传统村落的保护意识和责任意识，尤其是让村民提升文化自信，珍视文化身份。村民是保持传统村落文化完整性的首要条件，为村民就近创造就业机会，把村民留下来。目前的经验多是通过旅游业的发展带来相对较多的本地就业，如果旅游从业人员、旅游商品及消费品能够实现本地生产，将进一步解决原住民就业择业问题。另一方面，应当把握传统村落自身发展条件，科学测算旅游容量，减少对居民日常生产生活的影响。可以尝试走小众体验式路线，在传统村落文化承载力范围内对空间功能进行分割，将村民生活区域与游客活动区域有机地分离。让村民保持原有的生活状态，并享有旅游产业的股权分红。以此进一步要激活传统村落内在的生存活力，推进传统村落可持续健康地发展。

近年来，我国旅游经济稳步提升，乡村旅游产业快速发展，极大地推动了乡村产业升级、空间更新、文化传承、村民增收，旅游开发成为振兴传统村落的一种重要途径。然而，在村落旅游开发过程中，也给传统村落造成了诸如商业开发过度、传统文化断层、村落面貌失调、生态破坏等问题。以往基于"产业链"思路构建的乡村旅游发展逻辑难以解读当前村落旅游面临的问题。

徽州地区历史悠久，文化积淀深厚，保存有大量形态相近、特色鲜明的传统村

---

① 单德启. 冲突与转化：文化变迁·文化圈与徽州传统民居试析[J]. 建筑学报，1991(1)：46-51.

落，具备珍贵的旅游资源优势。就目前来看，发展旅游业仍然是徽州传统村落实现乡村振兴的首要抓手，但在发展过程中基于前文描述存在诸多问题，如何发挥其特殊作用，改善村民生活品质，并促进我国众多的传统村落走上可持续发展的道路，是当前各界关注的焦点也是亟待解决的难题。由于共同地域文化的浸润，徽州传统村落的旅游开发具备一定的共性，当前村落旅游出现一定的同质化竞争等问题。研究基于价值网络重构的视角，对徽州传统村落旅游空间组织模式进行分析与重塑，通过产业空间的活力有序推动和巩固传统村落社会空间的重塑。

6.4.2　文化资源转化引领空间转型，建构村落振兴路径

传统村落向现代适应性的乡村空间转型，须以相合适的社会空间形态为保障，并且需要保持社会空间的延续性和包容性，以此培育出现代化的社区共同体。传统村落实现活化的前提是满足空间的功能需要和文化的精神需要，根本路径在于通过营造实现文化属性的空间化，通过“互惠机制”完成社会属性的空间化。充分认识传统村落文化资源区别于一般乡村的唯一性、历史性、价值性，顺应乡村振兴战略的总要求，通过适应性的文化内涵建设，用“文化＋”实现传统文化资源的价值转化，重新定位其在乡村振兴过程中的文化价值与生态价值，继而赋予“＋文化”来提升传统村落物质空间意义化，实现传统村落文化传承与发展，增加其社会效益与经济效益(图 6－7)。

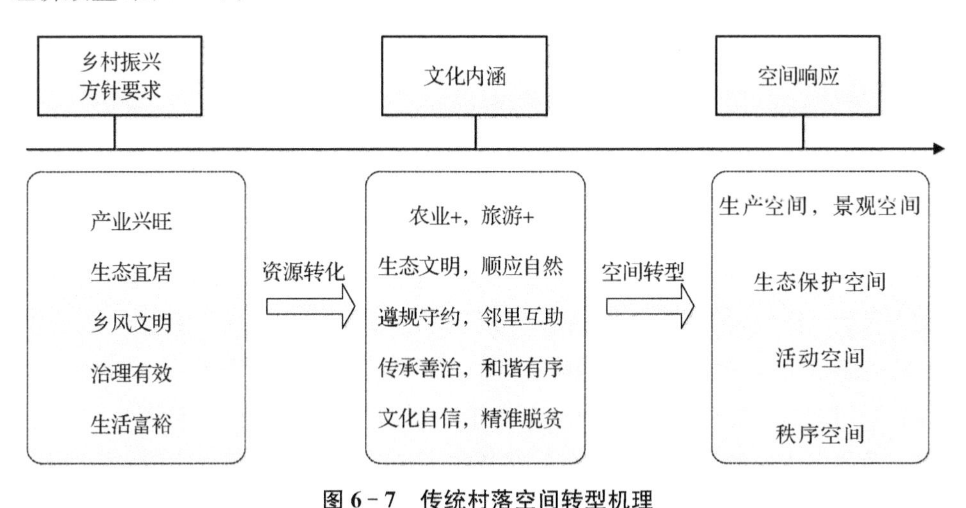

图 6－7　传统村落空间转型机理

1) 以“农旅”为核心的产业振兴是传统村落活化的原生动力

中国传统文化的基因库扎根于传统村落，传统村落真正承载、休现着中华优秀

的农耕文化的精髓。与此同时,《乡村振兴战略规划(2018—2022年)》也明确提出培育农业农村新产业新业态,打造农村产业融合发展新载体新模式的要求。徽州传统村落应当顺势而为,传承发扬传统村落历经千年积累的农业文化智慧,根据尊重自然、顺应自然的"天人合一"理念,测算农业文化传承与生态涵养等,在纵向上深耕既有的存量空间,构建以"农业+技术""农业+产品"的产业体系和经营体系。在横向上拓展增量空间,依托丰富的历史文化遗存,积极发展"旅游+工业""旅游+生态""旅游+文化""旅游+社区"等,将传统聚落生态、生产、生活空间切实融入全域旅游发展理念当中,实现三生空间的提质增效。基于文化认同,营造立体产业结构与多元资金渠道,以区域为单元推进,从农作体验、民俗活动等方面实现传统村落自主造血活化,做好资源文章,讲好发展故事。

2) 真实的生活是传统村落生活空间维护的关键

石楠认为"中国乡村不会因为快速城镇化而消亡,随着城镇化质量的提升,居民对空间的需求、文化的追求更加多元,乡村的价值比以往更加重要"。吴良镛先生认为"人居是一种文化,它有别于一般生物的生存环境,而更加赋予了人类能动性的环境适应性"。

当前传统村落的保护发展多是政府层面主导的挽救传统建筑、传统文化的抢救性工作,实质是外部力量对于村落命运的强制性干涉,多为相对静态的博物馆式保护。在传统村落转型发展过程中,应当深入文化的血脉机理,进行以原生居民为主的自下而上式的主动保护与发展,积极开展动态的农村社区营造,实现其适宜性生活空间的根本性再造与发展。

3) 基于"传承善治和文化自信"重构秩序空间

徽州传统村落的演进过程高度诠释着中国传统村落的"宗族共同体"理想类型,它通过宗族权力约束的边界、高度的文化认同、堪舆引领的凝聚宗族的精神场所空间共同构筑了中国传统乡村社会的秩序空间。传统村落的传承与发展必须回归文化自信,传承基层善治精髓,着眼于当代新型乡村社区的社会发展。其一,重视文化生态及资源保护,由原有的静态保护模式转变为动态营造模式,建立合适的人地关系;其二,发挥村民主体的作用,注重在新型社区中对自主、契约精神、民主议事以及公平方面的建设,建立利益、权利的多赢分配和公共管理机制,推动传统村落秩序空间的可持续发展;其三,汲取宗族共同生产的智慧,与当下农村土地"三权分置"有机融合。徽州传统村落在漫长的封建社会里通过购置族产,实现部分产权公共化,解决个体无法解决的公共物品供给问题,基层社会通过设置部分"公共产权”自我供给公共物品，公共产权自我供给公共物品为“皇权不下县”也为实现“无为而治”创造了前提条件，公共产权是悠久的农业文明能够延续的重要制度因素。伴随着国家治理能力不断提高，政府对于地方公共物品的配给能力不断增强，因此徽州传统村落乃至当代乡村应当积极探索农村集体产权实施的“三权分置”改革，让集体所有权发挥一定社会功能，让家庭联产承包实现基本保障功能，让经营权发挥最佳经济效益，从而通过稳定集体所有制和家庭联产承包，大力盘活经营权，实现乡村社会治理能力根本性提高，实现基层产权的经济属性最大化，推进社会空间稳定的物质基础不断完善。

6.4.3 反思宗族的社会功能，维系流动中的共同体

基于徽州传统社会演进过程的理解，宗族成为传统社会中共同体结构的核心，其通过共同生产、建祠祭祀、族规祖训、扶贫济困对族内基层民众的生产生活、自治互助、教育教化、血缘凝聚等产生深刻影响。在精神上以亲缘情感与空间上的乡土情结形成了对族权的认同继而演绎出“家国同构”的共同体社会结构[①]。宗族的社会功能是开展社会治理，培养宗族集体意识和认同，促进个体的社会化、发挥基层的社会治理功能和实现宗族文化传承等。这种逻辑进一步延伸，从家庭幸福——聚落协同——国家民族精神的价值升华，从而为中华文明积淀了极具特色的优秀历史文化资源，奠定了数千年的中国基层社会治理秩序，具有最广泛的民意基础和社会认同[②]。但经过现代社会的几次变革及转型发展，传统聚落中血缘性宗族的凝聚力逐步散失，宗族共同体的旧的价值信仰体系坍塌，聚落社会经济联系萎缩。表现在空间上，传统村落建筑遗存较多，整体村落环境风貌较好，但存在整体衰败的趋势，主要表现在公共空间和场所失去原先的功能和业态。据 2014 年同济大学邵甬教授主持的《安徽皖南区域性历史文化资源保护规划》调查发现，家族祠堂是否存在这一选项，共收到有效问卷 223 份。其中，40 个村保持着大部分的祠堂，部分存在的有 79 个村，而完全消失的则有 104 个村。其次，同样普遍存在传统民居的衰败现象，大部分都处于年久失修、无人居住的状态。人居环境无法满足现代人的生活要求。历史文化遗产得不到应有的保护，表现在经济社会上是出现经济衰落与产业发展迟滞。

① 周锦，赵正玉．乡村振兴战略背景下的文化建设路径研究[J]．农村经济，2018(9)：9－15．
② 吴祖鲲，王慧姝．文化视域下宗族社会功能的反思[J]．中国人民大学学报，2014，28(3)：132－139．

由于中国长期的城乡二元经济原因，农产品价格被人为压低，以第一产业为主的农村地区难以跟上现代经济发展水平，而农村剩余人口又进一步将收入平均值拉低。由于信息的不对等，乡村在农产品甚至初级产品的议价方面完全处于弱势①。本地经济发展难以推动社会发展。在难以找到好的基础产业的背景下，大量的劳动力流失，只是在重要节庆中返回，形成流动中的共同体，导致徽州地区的主要家庭收入来自外界输血的经济。

但是，经过多次的调研及相关学者的研究表明②，在传统聚落演进过程中，宗族传统及熟人社会仍然有助于在社会生产生活过程中实现合作与协作，这种孕育出来的“人情”“网络”和“关系”实际上是丰厚的“类社会资本”，对于社会转型发展中的秩序营造和人心稳定具有重要的意义。因此，需要深度解析、尊重传统村落发展的基本规律，从宗族共同体的价值认知系统出发，围绕传统聚落治理与聚落空间结构、聚落社会结构、聚落文化结构等内容，探讨聚落与社会发展的关系，保护和传承传统聚落有效的治理要素，维系流动中的共同体。

自“以工补农、以城带乡”的城乡统筹战略实施以来，乡镇和村级组织财政自主性的下降也带来基层治理动力的衰竭和国家直接抵达乡村治理成本的上升和绩效下降③。随着家庭本位的回归，非正式制度逐渐影响着乡村社会。其一，合理发挥宗族势力在基层选举中的作用，引导不同宗族在村委会选举中的监督，激发权利意识，促进选举工作的公开透明。其二，注重新乡贤、新乡绅发挥的领导作用。要合理利用宗族文化中的优良美德，让其在维系乡村社会秩序，整合群众资源等方面得到保障，依托其经济能力和社会影响力，有效提供村庄相关公共服务。构建新型“互惠机制”，如共同信仰的礼俗习惯和从事的经济部门的分工协作等辅以相应的非正式制度相规范，来拉近同村民之间的关系，从而获得认同，重塑流动中的共同体。

---

① 顾媛媛，黄旭. 宗族化乡村社会结构的空间表征：潮汕地区传统聚落空间的解读[J]. 城市规划学刊，2017(3)：103－109.

② 邵甬，胡力骏，赵洁. 区域视角下历史文化资源整体保护与利用研究：以皖南地区为例[J]. 城市规划学刊，2016(3)：98－105.

③ 王尚银，康志亮. 中国熟人社会的“类社会资本”：关于中国传统社会社会资本储量的考究[J]. 社会科学战线，2012(1)：165－170.

7 徽州地域自然生态格局优化

7.1 实证区选择

传统村落的发展离不开道法自然精神，传统的堪舆学说根本上是朴素的中国传统科学对于徽州特定自然环境中所孕育出来的适应性关系的科学探索。

歙县地处安徽省南隅，东经 118°15′～118°53′，北纬 29°30′～30°7′，处在北亚热带和中亚热带的过渡区域。东北接宣城市绩溪县和杭州市临安区，东南连杭州市淳安县、衢州市开化县，西南邻黄山市屯溪区、休宁县，西北交黄山市徽州区、黄山区（图 7 - 1）。总面积 2 122 km^2，95%的土地面积为丘陵地形。域内河流交错，植被茂盛，生物多样，自古以来被称为“七山一水一分田，一分道路和庄园”。宋朝起设为徽州府，1 400 余年来府县同城，徽州域内的文化、政治、经济中心均位于此，1986 年被评选为国家历史文化名城，与云南丽江、山西平遥、四川阆中齐名，共享我国保存最完好的四大古城之名。歙县是徽文化的主要发祥地，有“十户之村，不废诵读”的传统，享有“中国徽墨之都”“中国歙砚之乡”的美誉。自唐代以来，共出进士 820 人。经济学家王茂荫，新安画派奠基人渐江、黄宾虹，经学大师吴承仕，教育家陶行知，音乐家张曙等历代名人都诞生于此。自 2012 年传统村落普查以来，歙县已有国家级传统村落 148 个，国家级传统村落数量在县级区划范围内排名第一。选择歙县作为实证最能反映徽州传统村落系统的特征。

7.2 研究方法

7.2.1 研究思路与数据来源

考虑到土壤保持是衡量生态系统水土保持的重要指标，碳固定能够直接反应

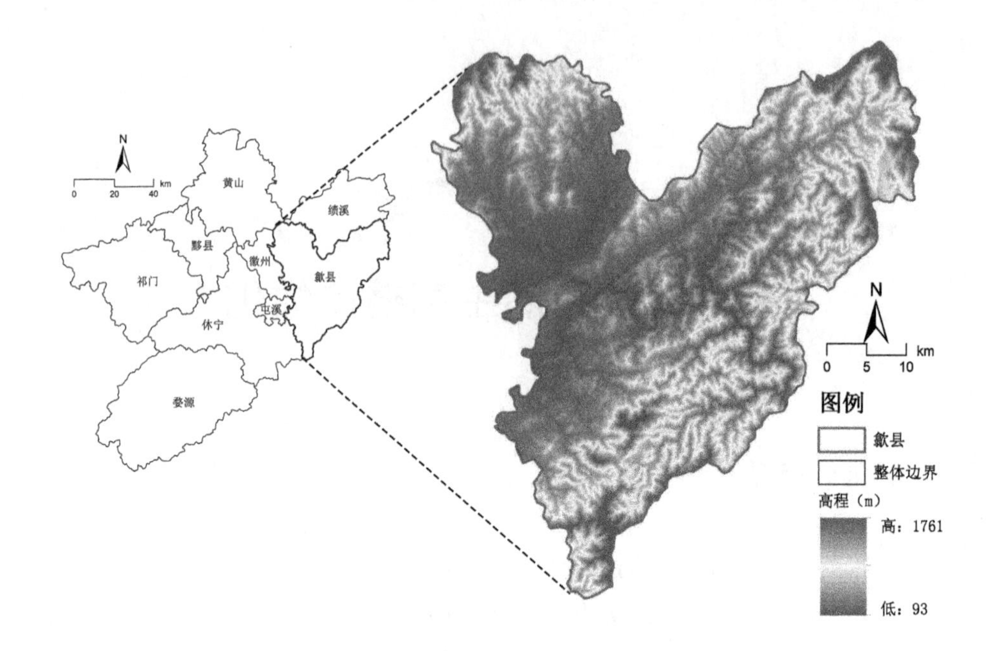

图 7-1　区位概况

生态系统的碳吸收和储存能力，水源涵养是生态系统在植物与土壤共同作用下拦蓄雨水的能力，生境质量水平能够直接衡量区域生态服务水平，因此选取这四种生态系统服务对歙县区域内生态水平进行定量评估。对生态服务系统的各项结果进行叠加分析，可以推出重要生态系统服务功能区，并进一步筛选出层级生态源。继而根据人类活动、自然地理环境等多方面要素构建综合阻力面，形成成本栅格。最后基于 GIS 中 cost-connectivity 模块，提取层级生态廊道、生态节点，构建生态网络(图 7-2)。

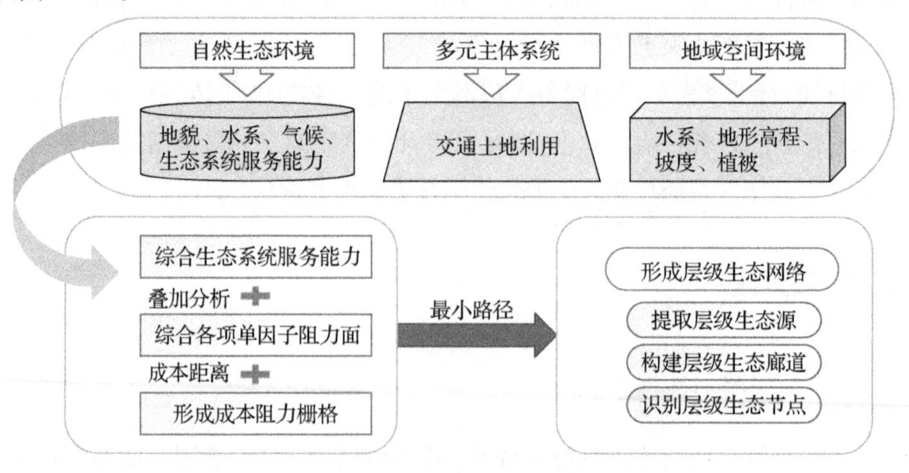

图 7-2　生态网络构建思路

研究主要使用相关数据见表 7－1。

表 7－1　相关数据来源

数据名称	数据源	网址
歙县 2019 年土地变更调查数据	歙县 2019 年土地变更调查数据	—
30M 精度 DEM 数据	地理空间数据云平台	http://www.gscloud.cn/
中国地面月值气象数据	中国气象数据网	http://ata.cma.cn/
土壤数据	中国 1∶100 万土壤数据库(世界粮农组织)	http://ww.fao.org/soils-portal/soil-survey/soil-maps-and-databases/harmonized-world-soil-database-v12/en
中国年度植被指数(NDVI)空间分布数据集	中国科学院资源环境数据中心	http://www.resdc.cn/Default.aspx

7.2.2　生态源地识别

1）生境质量评估

InVEST 模型将生态环境质量设置为一个连续的变量，评估过程中充分考虑了土地利用格局和方式对于生态环境的影响。最终 InVEST 模型会输出 0～1 之间的质量得分，标识最差到最好的生境质量。参照相关研究成果[①②③]，根据研究区实际情况，将生境类型划分为建设用地、采矿用地、道路用地三种不同的威胁因子，并确定威胁因子的最大胁迫影响距离、空间衰退类型以及相对权重(表 7－2)。在此基础上，确定生境威胁因子的敏感程度值(表 7－3)。

① 陈雅倩，赵丽，陶金源，等. 基于 InVEST 模型的未利用地开发前后生境质量评价：以唐县为例[J]. 中国生态农业学报(中英文)，2020，28(7)：1093－1102.

② 薛晓玉，王晓云，段含明，等. 基于土地利用变化的祁连山地区生境质量时空演变分析[J]. 水土保持通报，2020，40(2)：278－284.

③ 黄木易，岳文泽，冯少茹，等. 基于 InVEST 模型的皖西大别山区生境质量时空演化及景观格局分析[J]. 生态学报，2020，40(9)：2895－2906.

表 7-2 威胁因子属性

威胁因子	相对权重值	最大影响距离/km	空间衰退类型
建设用地	0.5	8	指数
采矿用地	0.6	7	指数
道路用地	0.3	5	线性

表 7-3 生境类型对威胁因子的敏感程度

用地代码	用地名称	生境适宜性	建设用地	工矿用地	道路用地
1	森林	1	0.8	0.75	0.8
2	草地	0.8	0.5	0.5	0.4
3	耕地	0.4	0.5	0.4	0.35
4	建设用地	0	0	0	0
5	采矿用地	0	0	0	0
6	水域	1	0.6	0.5	0.6
7	道路用地	0	0	0	0
8	其他用地	0.1	0.3	0.3	0.3

2）土壤保持

土壤保持将利用修正通用水土流失方程(RUSLE)评估。A、R、K、LS 计算方法如表 7-4 所示。C 值与 P 值主要受植被覆盖情况及现状土地利用等条件的影响，基于研究区现状在 GIS 中进行地类合并，结合既有成果①②，确定合并后各类用地 C 值与 P 值如表 7-5 所示。

① 于博威，饶恩明，晁雪林，等．海南岛自然保护区对土壤保持服务功能的保护效果[J]．生态学报，2016，36(12)：3694-3702.

② 胡胜，曹明明，刘琪，等．不同视角下 InVEST 模型的土壤保持功能对比[J]．地理研究，2014，33(12)：2393-2406.

表 7－4 通用水土流失方程各因子计算说明

因子	公式	说明
A 为水土保持量	$A=R\times K\times LS\times(1-C\times P)$	A 为水土保持量[$t/(hm^2\cdot a)$]；R 为降雨侵蚀力因子[$MJ\cdot mm/(hm^2\cdot h\cdot a)$]；K 为土壤可蚀性因子[$t\cdot hm^2\cdot h/(MJ\cdot hm^2\cdot mm)$]；$LS$ 为坡长坡度因子(无量纲)；C 为植被覆盖与作物管理因子(无量纲)；P 为水土保持措施因子(无量纲)
R 降雨侵蚀力因子	$R=\sum_{i=1}^{12}1.735\times10\left(1.5\log_{10}\frac{P_i^{\ 2}}{P}-0.8188\right)$	P_i 为月降雨量(mm)；P 为年降雨量(mm)；数据来源于中国地面月值气象数据集
K 土壤可蚀性因子	$K=\left\{0.2+0.3\exp\left[-0.0256S_a\left(1-\frac{S_i}{100}\right)\right]\right\}\times\left[\frac{S_i}{C_l+S_i}\right]^{0.3}\times\left\{1.0-\frac{0.25C}{\left[C+\exp(3.72-2.95C)\right]}\right\}\times\frac{0.7\left(1-\frac{S_a}{100}\right)}{\left\{\left(1-\frac{S_a}{100}\right)+\exp\left[-5.51+22.9\left(1-\frac{S_a}{100}\right)\right]\right\}}$	S_a 为砂粒含量(%)；S_i 为粉粒含量(%)；C_l 为粘粒含量(%)；C 为有机碳含量(%)；土壤质地数据从 HWSD 数据库中提取得来
LS 坡长坡度因子	$LS=L\times S$ $L=\left(\frac{\lambda}{22.13}\right)^{\alpha}\quad \alpha=\frac{\beta}{\beta+1}$ $\beta=\frac{\sin\theta/0.0896}{3.0(\sin\theta^{0.8}+0.56)}$ $S=\begin{cases}10.80\times\sin\theta+0.03,当\ \theta<5^{\circ}\\16.80\times\sin\theta-0.50,当\ 5^{\circ}\leqslant\theta<10^{\circ}\\21.91\times\sin\theta-0.96,当\ \theta\geqslant10^{\circ}\end{cases}$	L 为坡长因子，S 为坡度因子；λ 为坡长(m)；22.13 为标准小区的坡长(m)；θ 为利用 DEM 提取的坡度

表 7－5 各类用地 *P* 值与 *C* 值

重分类	P	C	包含地类
旱地	0.2	0.223	旱地；水浇地；农村道路；田坎；设施农用地
林地	0.66	0.06	有林地；灌木林地；其他林地

续表

重分类	P	C	包含地类
园地	0.35	0.02	果园；茶园；其他园地
草地	1	0.01	天然牧草地；人工牧草地；其他草地
水域	0	0	河流水面；湖泊水面；坑塘水面；水库水面；内陆滩涂；水工建设用地；沟渠；沼泽地
建设用地	0.95	0.2	城市；建制镇；风景名胜及特殊用地；村庄；公路用地；管道运输用地；机场用地；铁路用地；港口码头用地
工矿用地	0.2	0.22	工矿用地
水田	0.85	0.18	水田
荒地	0.85	0.06	沙地；盐碱地；裸地

3）碳固定

环境中现有的碳储备主要基于四种碳库，分别是土壤、有机质、地上生物量和地下生物量。土壤库包含了有机土壤和矿质土壤的有机碳。凋亡的有机质则包括枯立木、凋零物和倒木等。地上生物量包含了土壤上所有有生命的植物组织。而地下生物量则包括了具有生命的植物的根系统。

本文使用各碳库中的碳储存量以及土地覆盖类型和土地利用图，通过 InVEST 模型 Carbon 模块将研究区内四种碳库中总的碳存储量进行计算，以此来评估生态系统的碳固定能力。参考相关研究成果①②③④及 InVEST 用户手册，总结得到歙县碳库碳密度统计表（表 7－6）。

---

① Silva V，Catry F X，Fernandes P M，et al. Effects of grazing on plant composition，conservation status and ecosystem services of Natura 2000 shrub-grassland habitat types[J]. Biodiversity and Conservation，2019，28(5)：1205－1224.

② Brunzel S，Kellermann J，Nachev M，et al. Energy crop production in an urban area：a comparison of habitat types and land use forms targeting economic benefits and impact on species diversity[J]. Urban Ecosystems，2018，21(4)：615－623.

③ Rabello A M，Parr C L，Queiroz A C M，et al. Habitat attribute similarities reduce impacts of land－use conversion on seed removal[J]. Biotropica，2018，50(1)：39－49.

④ Halmy M W A. Assessing the impact of anthropogenic activities on the ecological quality of arid Mediterranean ecosystems(case study from the northwestern coast of Egypt)[J]. Ecological Indicators，2019，101：992－1003.

表 7-6　歙县不同土地利用类型四大碳库碳密度值　　(t/hm^2)

土地利用代码	LULC_name	C_above	C_below	C_soil	C_dead
1	林地	5.68	13.92	20.18	2.1
2	草地	2.04	9.4	11.9	1.42
3	农田	2.24	8.12	12.49	1.42
4	水体	0	0	0	0
5	裸地	2.26	9.03	14.66	0

注：LULC_name：土地利用类型；C_above：储存在地上生物量中的碳量；C_below：储存在地下生物量中的碳量；C_soil：储存在土壤中的碳量；C_dead：储存在死亡有机物中的碳量。

4）水源涵养

水源涵养重要性采用水量平衡方程，以总降水量与森林蒸散量及其他消耗的差作为水源涵养量①，公式见表 7-7。

表 7-7　水源涵养方程各因子计算说明　　(t/hm^2)

因子	公式	说明
TQ 水源涵养量	$TQ=\sum_{i=1}^{j}(P_i-R_i-ET_i)\times A_i\times 10^3$	TQ 为总水源涵养量(m^3)，P_i 为降雨量(mm)，R_i 为地表径流量(mm)，ET_i 为蒸散发(mm)，A_i 为第 i 类生态系统面积(km^2)，i 为研究区第 i 类生态系统类型，j 为研究区生态系统类型数

7.2.3　阻力面构建

歙县多山少平原，自然条件较好，结合相关研究②③与歙县实际，利用 GIS 对坡度、NDVI、道路通达度、土地使用类型四方面分级赋阻力值(表 7-8)，继而完成叠加栅格计算并基于此得到生态阻力面的综合评价结果。通过 cost-distance 模块计算层次生态源地的累积阻力面。再叠加分析计算生成的累积阻力面，得出各个栅格单元的最小值，最终获得每层生态网络所对应的最小生态累积阻力面。

① 张豆，渠丽萍，张桀滈．基于生态供需视角的生态安全格局构建与优化：以长三角地区为例[J]．生态学报，2019，39(20)：7525-7537.

② 刘希朝，李效顺，韩晓彤，等．基于最小阻力模型的资源型城市景观安全格局诊断研究：以徐州市为例[J]．生态经济，2020，36(6)：221-229.

③ 杜腾飞，齐伟，朱西存，等．基于生态安全格局的山地丘陵区自然资源空间精准识别与管制方法[J]．自然资源学报，2020，35(5)：1190-1200.

表 7-8　阻力因子赋值表

<table>
<tr><td rowspan="2">坡度</td><td>分级</td><td colspan="2"><2°</td><td colspan="2">2°～5°</td><td colspan="2">5°～8°</td><td colspan="2">8°～12°</td><td>>12°</td></tr>
<tr><td>阻力值</td><td colspan="2">1</td><td colspan="2">2</td><td colspan="2">3</td><td colspan="2">4</td><td>5</td></tr>
<tr><td rowspan="2">降水量</td><td>分级</td><td colspan="2">1948～2020</td><td colspan="2">2020～2070</td><td colspan="2">2070～2014</td><td colspan="2">2134～2215</td><td>2215～2353</td></tr>
<tr><td>阻力值</td><td colspan="2">1</td><td colspan="2">2</td><td colspan="2">3</td><td colspan="2">4</td><td>5</td></tr>
<tr><td>植物覆被NDVI</td><td colspan="10">根据 NDVI 栅格取其倒数栅格图作为阻力栅格，即 NDVI 越高阻力越低，反之亦反</td></tr>
<tr><td rowspan="2">道路通达程度</td><td>分级</td><td colspan="2">≤300 M</td><td colspan="2">300～600 M</td><td colspan="2">600～900 M</td><td colspan="2">900～1 200 M</td><td>>1 200 M</td></tr>
<tr><td>阻力值</td><td colspan="2">5</td><td colspan="2">4</td><td colspan="2">3</td><td colspan="2">2</td><td>1</td></tr>
<tr><td rowspan="2">土地利用</td><td>分级</td><td>林地</td><td>水域</td><td>园地</td><td>草地</td><td>其他草地</td><td>水田</td><td>旱地</td><td>裸地</td><td>建设用地</td></tr>
<tr><td>阻力值</td><td>1</td><td>2</td><td>3</td><td>4</td><td>5</td><td>6</td><td>7</td><td>8</td><td>9</td></tr>
</table>

7.2.4　生态廊道与节点提取

生态廊道是区域之间物质、能量流通的关键性通道，连接了优质生态斑块，有助于生物迁徙和生态因子交流。最小累积阻力模型又称为 MCR 模型，最初被用来反映物种从源地起始点到终点过程中耗费的最小代价[①]，现广泛运用于生态、规划领域，公式见表 7-9。

表 7-9　最小累积阻力模型方程各因子计算说明

因子	公式	说明
R_{MC} 最小累积阻力值	$R_{MC}=\int_{\min}\sum_{i=n}^{m}D_{ij}\times R_i$	R_{MC} 为最小累积阻力值；$\int$ 为反映某一斑块到最小累积阻力与生态过程正相关的函数；D_{ij} 为从源地栅格到景观栅格之间的空间距离，单位为 km；R_i 为栅格的阻力系数

生态节点是生态环境敏感度较高的地方，是整个生态网络中较为重要的且薄

① 王金亮，谢德体，邵景安，等. 基于最小累积阻力模型的三峡库区耕地面源污染源——汇风险识别[J]. 农业工程学报，2016，32(16)：206-215.

弱的点。本文根据相关研究[①][②]，使用水文分析法[③]提取最小累积阻力表面的山脊线，将山脊线与生态廊道的交点定义为歙县生态网络的节点。

7.3 层级生态源地提取

根据上述方法计算得到歙县固碳能力、土壤保持水平、水源涵养能力以及生境质量水平，并对计算所得结果分 1～5 级依次表示从低等级到高等级，得到单项生态系统服务功能等级如图 7-3 所示。固碳释氧能力与植被覆盖类型高度相关，歙县森林覆盖率较高，部分区域固碳能力弱主要是由于其用地构成为建设用地与水域，植被覆盖率较低。土壤保持与地形、降水等多方面因素直接相关，因此土壤流失风险主要出现在县域西北部的黄山山脉、东北部的天目山脉以及西南部的白际山脉。水源涵养主要受植被覆盖的影响，植被覆盖茂密区域则水源涵养能力较强。生境质量评估主要从现状用地出发，划定对生态环境存在影响的用地类型及其影响作用，以期综合评定区域内生境质量水平。

通过对四类要素的单项评价，由于各要素之间的影响作用无法准确衡量，因此基于 GIS 平台进行模糊叠加分析，得到生态系统服务综合能力。考虑自然断点法能够使各组内数据差异小，而组间差异较大，使各项评估结果相同或相近的区域能够划分至同一等级类别，分类更加趋近真实情况。据此使用自然断点法将生态系统服务综合能力划分为五个等级，并提取出生态系统服务等级最高等级区域作为生态用地(图 7-4)。提取到生态用地共 15 853 个斑块，总面积达 269.18 km^2，斑块面积普遍处于 1 km^2 以下，仅 25 个斑块面积大于 1 km^2，2 km^2 以上的斑块仅 4 个。面积最大的斑块处于县域西北部天目山脉，达 2.86 km^2。

将生态用地斑块按 0.1%、0.4%、1.5%的比例筛选提取出一、二、三级生态源地如图 7-4 所示。提取到一级生态源地内共计 15 个斑块，总面积达 26.3 km^2。一级源地生态服务水平较高且面积大，其生态服务价值最高，在县域范围内相对均匀分布。二级生态源地共 79 个，56.95 km^2，主要分布在各大山脉的山麓、地势相对平缓以及水域附近。三级生态源地共 158 处，39.76 km^2，在空间中呈现整体均匀分散、局部集中的特点。

---

① 韩世豪，梅艳国，叶持跃，等. 基于最小累积阻力模型的福建省南平市延平区生态安全格局构建[J]. 水土保持通报，2019，39(2)：192-198.

② 乌尼图，岳德鹏，张亦超，等. 基于 3S 技术的城乡区域生态节点的识别与分析[J]. 环境科学与技术，2014，37(2)：184-189.

③ 李普林，陈菁，孙炳香，等. 基于连通性的城镇水系规划研究[J]. 人民黄河，2018，40(1)：31-35.

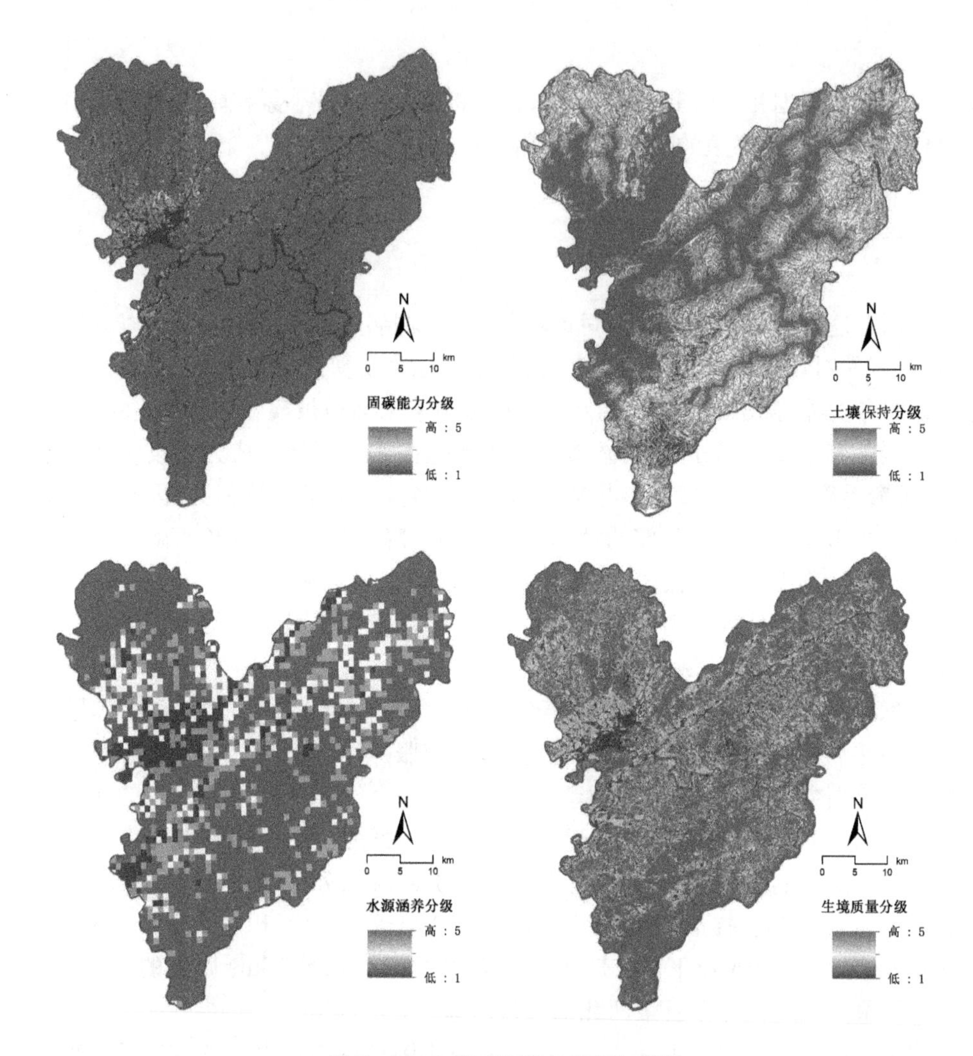

图 7-3　生态系统服务类型与等级

（等级 1～5 依次表示从低等级到高等级）

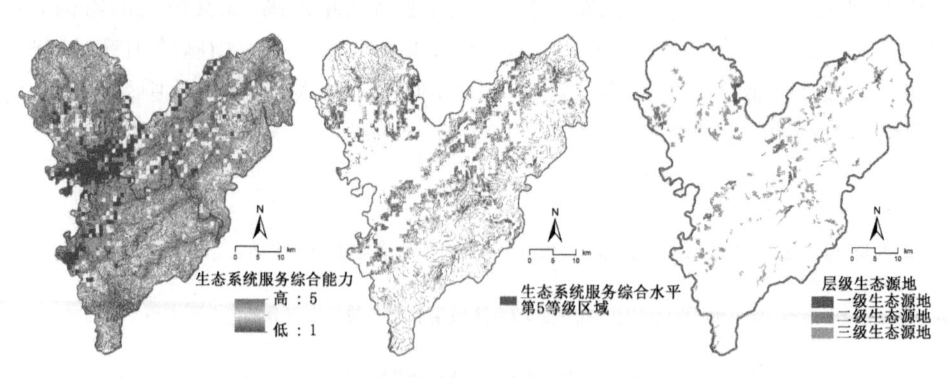

图 7-4　生态系统服务与层级生态源地

7.4 层级生态廊道与生态节点提取

7.4.1 生态阻力面构建

生态阻力面从植被覆盖、降水气候、现状用地、地形坡度以及道路交通五个方面考虑。NDVI(归一化植被指数)能够有效反映区域内时空尺度上的植被覆盖情况并展示其变化状况,其倒数则能够衡量生态系统流动的阻碍作用。通过 NDVI 指数倒数显示歙县主要在城市建设区域存在较大阻力。降水量能够在一定程度上影响区域内水土资源质量,并对生物的活动具有一定的影响。年均降水量通过对安徽、江西、江苏三省内徽州周边的 19 个地面气象站点数据处理得到。现状土地使用类型能够表征土地的用途、性质等信息,研究基于土地调查数据对用地类型进行重分类并赋予阻力值。根据 DEM 数据分析歙县地表单元的地形坡度,反映了地表单元的陡缓程度,地形坡度对区域内的水土流失、植物生长等均存在直接作用。现代交通在联系各区域的同时,在山区地带也较为直接地切断了道路两侧的生物流动。研究在对各单项因子分析的基础上,综合叠加得到歙县生态综合阻力面(图 7－5)。发现整个区域内整体生态系统阻力相对较小,阻力较高的区域主要为城市建设区、干线交通区域以及部分坡度较大的区域。

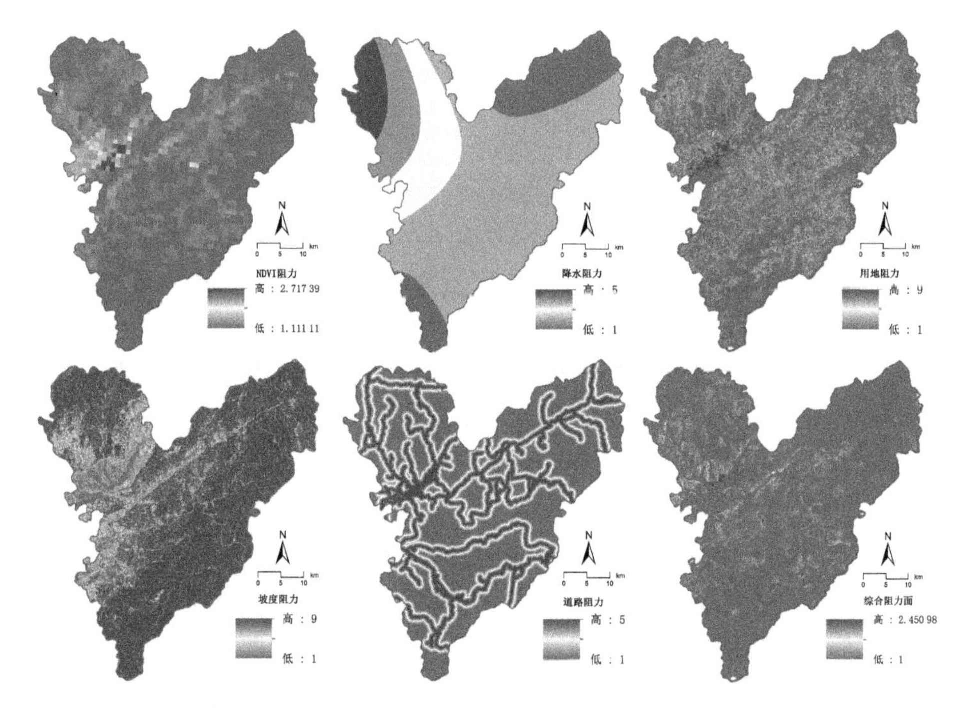

图 7－5 阻力因子及综合阻力面

基于GIS中的cost-distance模块进行三个层级的生态阻力面模拟，并生成各层级最小累计阻力面(图7-6)，各层级内生态源地内部阻力均为0。第一层级生态源地中最小累计阻力值为0，最大为16 860.6；第二层级生态源地中最小阻力值为0，最大为17 967.2；第三层级生态源地中最小累计阻力值为0，最大为11 274.2。建设用地以及耕地等人工活动显著的区域阻力值均较大，形成了较为明显的累计阻力山脊线。由于第一层级中生态源地分布数量较少且其源地间相互距离较远，导致其累计生态阻力值较高，第二、三层级生态源地逐渐增多，源地间距离缩短，导致累计阻力值呈下降趋势。

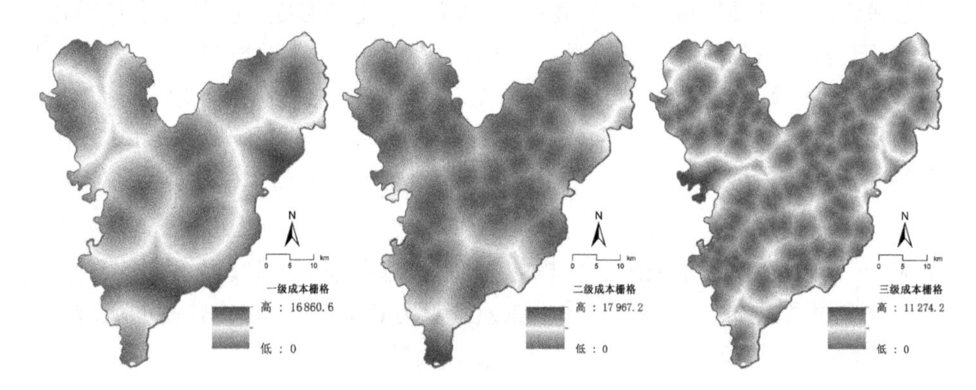

图7-6 层级最小累计阻力面

7.4.2 层级生态廊道提取

基于三层级生态源地以及与之对应的层级最小累计阻力面，借助GIS中cost-connectivity模块提取研究区内的生态廊道(图7-7)。第一层生态源地共提取出12条生态廊道，其中最短的生态廊道仅0.94 km，为西北部两块相近的斑块之间的廊道，最长的廊道32.58 km，是由于南部一级生态源地较少，源地之间距离较大。第一层级廊道主要连接成两条独立走向，以北岸—坑口—森村—长陔为界，县域东西各一条南北走向的廊道，东西两部分无廊道连接。第一层级廊道普标较长，较为脆弱，一旦遭受侵扰很容易导致高层级生态源地之间失去联系，对生态系统连通性影响较大。

第二层级生态廊道共26条，最长廊道达16.34 km，连接县域南部的绍濂乡与长陔乡。廊道分布在霞坑—昌溪—深渡—武阳沿线较为密集，郑村、石门、狮石、璜田、岔口、金川为县域边缘乡镇，无廊道经过。由于生态源地数量的增加，生态廊道也随之复杂化，内部廊道与一级廊道更为密集，长度多处于2～8 km。

第三层级廊道与第一、第二层级相比，生态源地数量增加明显，廊道的发展趋向复杂化、网络化，共提取出三级廊道 155 条，廊道平均长度也呈现出下降的趋势，最长的廊道有 11.43 km，连接桂林—徽城—雄村三镇。三级廊道密集分布在县域内，其中密度最高的在北岸镇与深渡镇交界处，其次杞梓里镇与三阳镇交界处、绍濂乡与王村镇交界处、溪头镇南部三级廊道分布均较为密集。长度相对较短且密集分布的三级廊道网络具有良好的稳定性，即使遭受一定的破坏影响，也仅能影响局部小范围内的生态联通，因此三级廊道能够在多尺度下保障区域内生态流的畅通与生态系统的稳定。

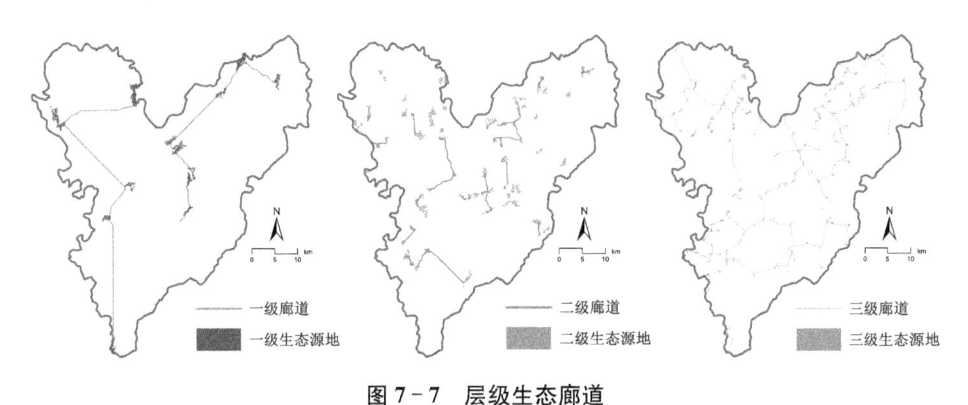

图 7-7　层级生态廊道

7.4.3　层级生态节点提取

层级生态廊道与所对应的最小累计阻力面山脊线的交点即为各层级生态节点，它们在网络中发挥着关键的作用，却是整个网络中抵御外部影响最为薄弱的节点。根据 GIS 平台提供的水文分析模块，类比提取处各层级累计阻力面的阻力山脊线如图 7-8 所示。再将其余生态廊道叠加提取得到各层级生态节点(图 7-9)。第一层级中生态节点共 10 个，主要分布在北岸镇、深渡镇、霞坑镇等附近。第一层级生态节点最为重要，在生态系统中属于一旦遭受破坏便会给整个区域造成较为严重的生态问题，容易导致生态网络的瘫痪。共提取到第二层级生态节点 11 个，主要处于深渡镇、昌西乡附近，二级生态节点相比一级节点在县域内部更为集中，尤其在深渡镇、昌西乡几处的节点距离较近，也显示出这些区域在生态网络中的重要性。随着生态源地与生态廊道的增加，第三层级生态节点达到 78 个，从整体来看县域西部较东部更为密集，县域西北生态节点分布最多。数量较多的生态节点与其所对应的第三层级生态廊道类似，其构成的生态网络抵御外界影响的能力相对较强，破坏其中某处节点，不会直接对生态网络造成影响，仅会对局部区域内的生态系统产生一定的阻碍。在发展建设过程中，针对不同层级生态节点所处区域需要考虑其在生态系统中的作用，开展不同规模的生态建设，在保障区域生态系统稳定的前提下，实现资源的可持续利用。

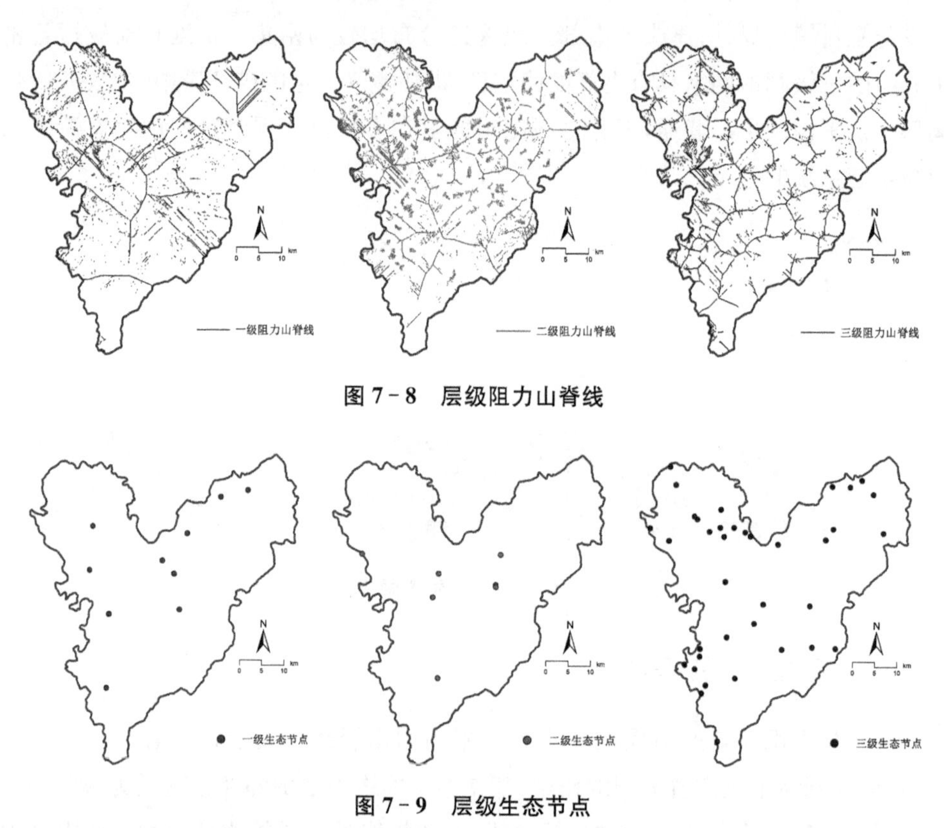

图 7-8 层级阻力山脊线

图 7-9 层级生态节点

7.5 层级生态网络构建与评价

7.5.1 层级生态网络构建

将提取到的各层级生态源地、生态廊道、生态节点进行叠加，得到第一、二、三层级生态网络(图 7-10)。第一层级生态网络由 10 个生态节点、12 条生态廊道、15 个生态源地构成；第二层级生态网络由 11 个生态节点、26 条生态廊道、79 个生态源地构成；第三层级生态网络由 59 个生态节点、158 个生态源地和 155 条生态廊道构成。通过对歙县全域内生态网络进行分层研究，构建三级生态网络，对于保障歙县生态环境安全而言十分重要。通过系列分析完成了县域尺度内相互交织的由点及线至面的层级生态网络。

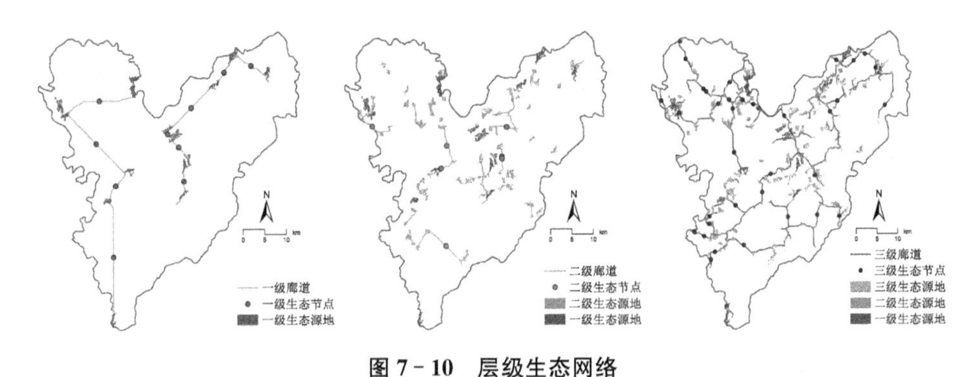

图 7-10　层级生态网络

7.5.2　分层生态网络结构评价

评价生态网络的复杂性和连接性可以通过网络测度指标完成，为了有效探求其内部结构一般采用网络结构评价方法，而描述连接度水平和闭合度水平通常采用 α、β、γ 等网络结构指数。公式见表 7-10。

表 7-10　网络测度指标方程各因子计算说明

因子	公式	说明
α、β、γ 等网络结构指数	$\alpha=\frac{l-v+1}{2v-5}$ $\beta=\frac{l}{v}$ $\gamma=\frac{l}{I_{\max}}=\frac{l}{3(v-2)}$	α 指数用于描述网络中可能出现的回路程度，该值与网络中的流通和物质循环流畅度正相关；β 指数用于描述网络节点的平均连线数，网络复杂性的度量以此指数为基准；网络的连接程度则以 γ 指数描述；v 表示节点数；l 表示廊道数：$I_{\max}$ 表示生态网络中可能连接的最大廊道数

基于层级生态网络的分析，根据提取到的廊道数、节点数，分别计算得到第一层级、第二等级、第三层级网络 α 指数分别为 0.2、0.94、0.86。这一结果说明了前三级生态网络中生态园地与生态廊道数量在逐渐增加，生态网络中物质流动与信息传递的线路选择也更多。第一、二、三层级生态网络的 β 指数依次为 1.2、2.36、2.63，其中第一层级生态网络仅两条单链线路，未形成网络，结构较为简单。第二、三层级生态网络中生态廊道的数量增加，形成了畅通的网络结构，生态源地之间的

联系更为便捷，生态系统也更为稳固。一、二、三层级生态网络的 γ 指数分别为0.5、0.96、0.91，随着生态源地的增加，生态网络中廊道与节点数量也在增加，从而使得网络连接程度大大提升。

随着城镇化进程的不断加快，人类基于自身需求在适应自然的过程中，欲望的增长可能导致城镇开发边界等开发性建设不断扩张，既有的生态用地保障空间和屏障会不断被蚕食。因此，构建基于适应性需求的分层级生态网络和优化生态网络格局不仅仅是落实当下生态文明战略的重要举措，也是维护区域生态空间本底安全的关键抓手。一方面承袭徽州先民师法自然的生态观，另一方面也是加强国土空间生态底线管控，为传承山清水秀地域环境的重要支撑。

7.6 徽州地域生态网络与山水智慧

7.6.1 生态网络格局

依据构建的层级生态网络（图 7 - 10），划定歙县“两横两纵”的总体生态网络格局（图 7 - 11），黄山山脉与天目山山脉连接形成县域北部横轴，另有以石耳山山脉为核心的南部横轴，纵轴分别是黄山山脉连接白际山山脉沿线、天目山山脉连接白际山山脉沿线，其中县城处于县域西部纵轴之上。横纵格局将区域紧密联系，能够有效稳固区域生态安全。

根据研究结果，对徽州山水网络格局优化提出以下几点建议：一是加强核心生态用地的管控。以生态保护红线为核心刚性管控边界，以山体、水体、林地等为弹性过渡范围，针对生态用地与建设用地冲突区域，尽快建立并完善相关生态补偿机制，强化生态用地的管理体制与运行机制，促进各级政府、部门之间权责明晰，高效运作。二是加强廊道沿线生态恢复与保护工作，使得廊道成为生态源地核心斑块之间物质交换、能量流动、物种迁徙等的关键载体，促进网络维持在稳定状态。三是做好区域协调与合作，不仅考虑区域内部的生态保护，发挥自身自然条件的优势，保持自然山水生态格局与城市形态平衡，提高区域生态承载能力，还应协调区域与周边协调，承担不同生态功能，促进生态创新、紧凑高效、互利共赢的一体化发展格局。

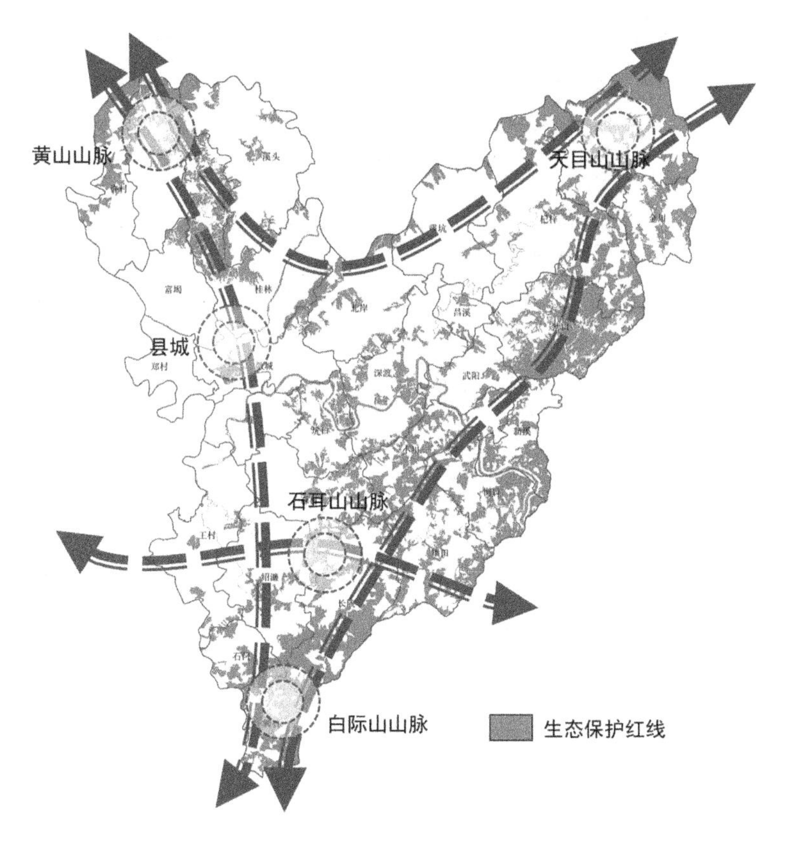

图 7 - 11　生态网络格局

7.6.2　生态网络格局与徽州传统山水智慧的契合

通过对歙县生态网络的分析，并结合自然山水的分布格局（图 7 - 11），可以看出歙县总体呈现出边缘多高山而内部相对平缓的较为封闭环境，其生态网络各要素也主要集中在县域内部，边缘区域分布较少。

中国古代，传统风水学理念提出了择良木而栖，其本质是趋利避害，且徽州地区多数村落由移民产生，村落建设考虑的要素之一便是躲避自然灾害并抵御外敌。因此，历史上歙县所属区域村落众多，当前歙县拥有一至五批国家级传统村落共148个，将其与层级生态网络分别叠加（图 7 - 12），可以较为清晰地发现，传统村落的选址与生态源地、节点的分布、生态廊道的走势均呈现出高度相关性，进一步佐证了徽州先民在适应自然过程中"觅龙、察砂、观水、点穴、取向"传统山水智慧的科学性和适应性。

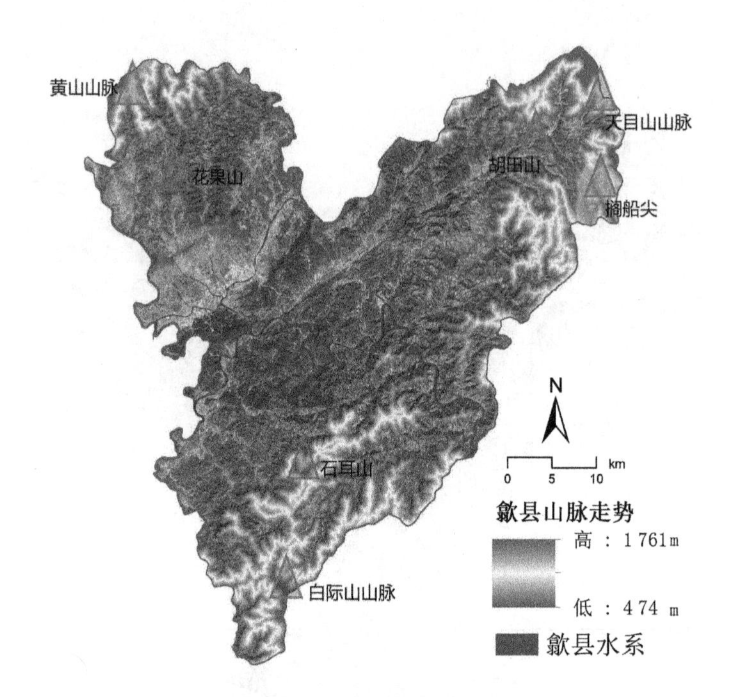

图 7-12 歙县山水分布

徽州传统村落的生态营建智慧与古代哲学思想融会贯通，引导着先人们于营造生存环境之时的一种敬畏、遵循之心，自觉地将人类活动安放于自然，并于数千年空间营造建设过程中被恒久传颂。随着生态文明重视程度的增加和技术的进步，越来越促进规划建设理论与方法发展，本章节试图从技术理性出发，遵循徽州先民"天人合一""象天法地"与"师法自然"中凝集的一整套思想与实践的复杂适应系统，论其思想之核心，便是强调自然与人类二者相融与共的哲学关系。无论是寻求遵循之道还是创新之路，所构建的"生态网络安全格局"理念的愿景、内涵与思路体系，将其作为一种当代人与自然调适、倡导生态与聚落融合发展的思想，均是对自然生态演进与聚落有机生长之规律，两者生长、演进的空间关系以及协同、联动的效能机制的积极探索。

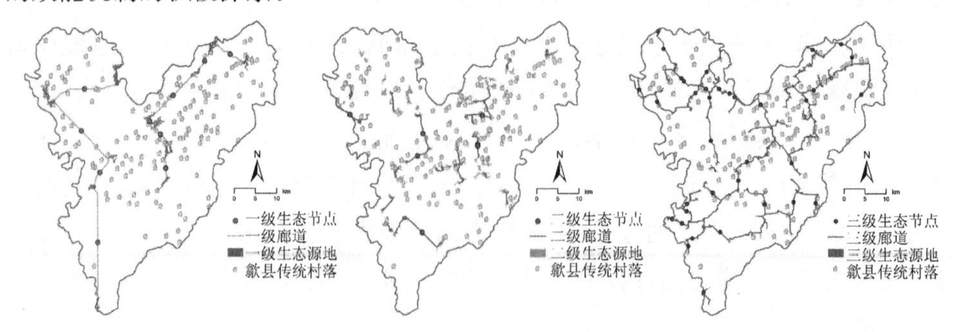

图 7-13 层级生态网络与传统村落分布

8 徽州传统村落空间肌理延续

传统村落作为历史文化遗产的原真性保护首要考虑的是聚落空间原真性的延续，传统性特征的传承和塑造需要对传统村落空间形态规律的研究、空间肌理的延续。同时，对于传统村落空间肌理的研究也是实现对传统村落聚落空间延续的重要途径。

8.1 实证区选择

南屏村，距今已有 1 100 多年历史，处黟县盆地边缘、山地与平原的过渡地带(图 8-1)。南部的高山保障了村落安全并提供了良好的景观视野；北部的平原则提供了优质的耕地，保障了生存资源；穿流而过的水系即满足了生活与耕作的需求。

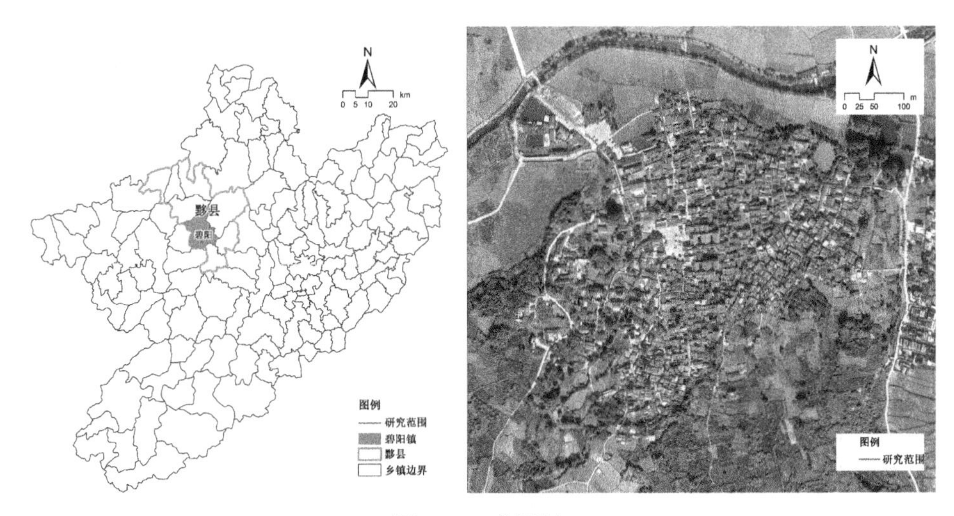

图 8-1　南屏村

自元朝叶姓从祁门白马山迁来后，村庄迅速扩大，明代形成叶、程、李三大宗族分治的格局。由于三大姓之间互相竞争，促进了村庄的建设，特别是清代中叶以后，做官、经商的人数不断增多，返回家乡的建设资金也就越多，以至于仅千余人的村落却拥有 72 条巷弄、36 眼水井、300 余幢民居，还建有大批的宗祠、园林、书院等。村中建筑、院落依山托水自由错落，呈现“循自然之理，呈相生相融之态”。

8.2 构建思路与方法流程

8.2.1 参数化重构思路

村落空间肌理在自然生态环境、社会文化要素、地域空间系统等共同影响下形成，是村落精神文化与自然形态的外在表征，肌理的延续能够在一定程度上保障村落文化的传承。村落空间肌理可解构为点（建筑肌理）、线（道路肌理）、面（地块肌理）三大部分。从形态学理论出发，通过深入分析比较，归纳、总结、概括、提取出南屏村空间肌理的内在特征，并基于参数化平台将提取出的肌理参数可视化。在此基础上，借助参数化规则语言，重构、模拟出与原古村落相契合的村落布局方案。参数化解析重构旨在对村落内在肌理进行揭示，并迅速且动态地展示方案效果，增强规划设计方案的实操性。具体技术路线如图 8-2 所示。

8.2.2 规则建模方法

CityEngine（下文简称 CE）是一款城市快速建模软件，其主要思想是利用二维数据基于规则语言的“程序化”快速建模方法，通过编写 CGA（computer generated architecture）规则程序命令，即能够在 CE 平台快速建立对应的三维展示模型。CE 与 GIS 具有良好的衔接机制，能够直接使用 GIS 提供的格式文件，并具备地理投影功能。

通过解析模型对象的构成要素，编写相应 CGA 规则，即能实现模型的快速、批量生成。通过 CGA 生成模型的过程如下：① 导入平面数据或直接在 CE 中绘制基底；② 解构拟创建的模型，编写 CGA 规则；③ 分配 CGA 规则至对应的二维对象，并为其设置一个规则起点（start rule）；④ 使用 CE 自动生成相应模型；⑤ 对自动生成的模型进行交互调整，结果检查后即可使用或导出。

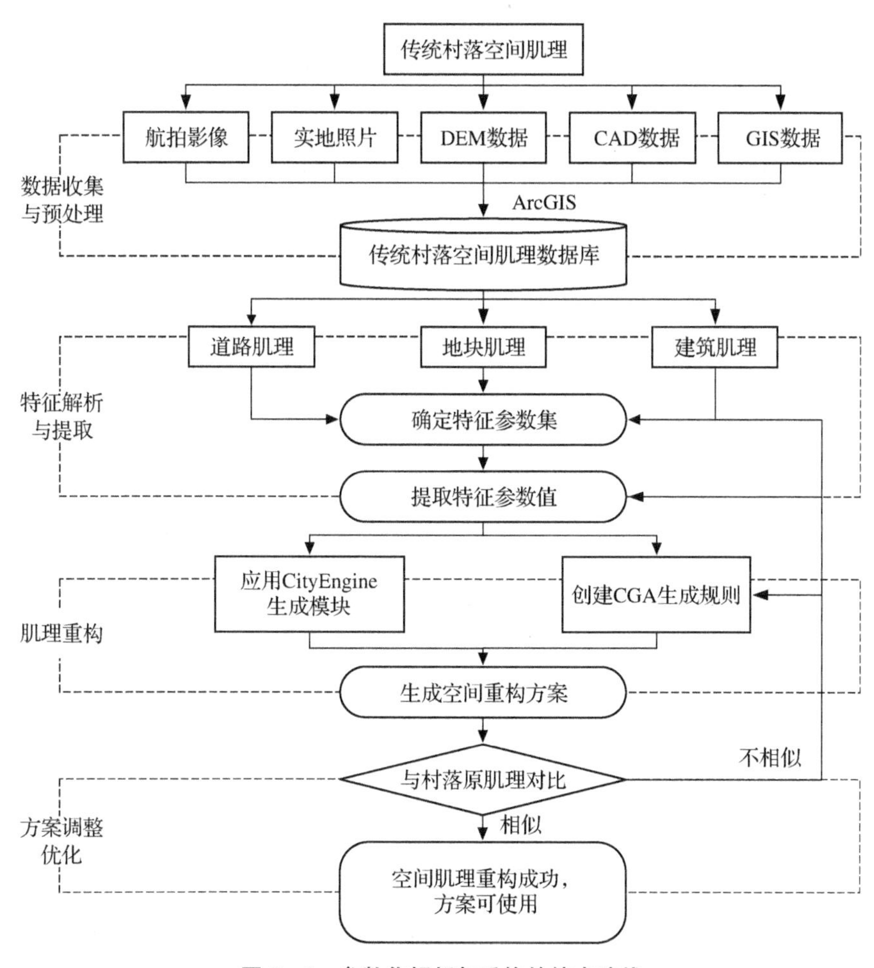

图 8-2　参数化解析与重构的技术路线

8.3　数据预处理与参数化解析

8.3.1　数据收集

对传统村落参数化解析与重构主要使用到的数据包括地理影像数据、道路数据、建筑数据、区域 DEM 数据、模型纹理贴图数据等。

研究使用的影像数据主要来自 Loca Space Viewer 下载的研究区及其周边的 19 级(最高级别)影像图与实地调查时航拍采集的影像，影像数据主要用于村落边界的提取与校核，以及民居等建筑屋顶的样式判断。

道路与建筑CAD数据由安徽省城建设计研究院提供，系该院在进行南屏历史文化名村保护规划编制时测绘所得，包括道路肌理、建筑轮廓、建筑高度等信息。

DEM数据来源于 http://www.gscloud.cn/，精度为30 m。

纹理贴图数据包括建筑墙体、门、窗、柱、屋顶、地板等纹理图案，均是在南屏村实地调研过程中拍摄所得。

由于调研所取得的原始数据存在大量与本研究无关的噪音信息，不利于后期的特征分析与参数获取，因此在对南屏传统村落前期调研与资料收集的基础上，还需要对数据进行预处理。主要包括航拍影像的校正、现状图片的筛选、村落边界的提取、肌理数据的处理等。研究以WGS84坐标系为基准，统一校正各类数据空间坐标，并基于GIS平台构建传统村落空间肌理数据库。

8.3.2 村落边界提取

参数化的肌理解析与重构必须有明晰的空间范围界定，而徽州传统村落不同于平原地区的村落，在适应山地走势自然生长过程中，选址与布局强调“因地制宜、天人合一”，往往是自然中有村居，村居中有自然，注重自然、人工空间的过渡与结合，促进了人工环境与自然环境的和谐相融，但同时也导致了其村落边界相对复杂与模糊。没有明确的界线不利于研究的开展。因此在对村落空间肌理解析提取之前，需详细界定边界范围，明确研究对象。

当前对传统村落边界提取方面的成果并不多，大部分研究对村落边界的界定仅采取了定性的描述，未进一步量化提取其边界[①②]。既有成果中定量研究村落边界的途径主要有两种：一种是生态学的视角，利用GIS、RS技术，通过遥感解译，提取村落生态位[③④⑤]；另一种研究则是借助地理学、社会学等领域的方法，通过对区域环境解析，判断村落领域所占有的区域，从而划定其边界范围[⑥]。浦欣成从实体边界与非实体边界的角度，基于定性感受与判断，利用形状指数、空间权属等指标，

① 王飒. 中国传统聚落空间层次结构解析[D]. 天津：天津大学，2012.

② 王莉莉. 云南民族聚落空间解析[D]. 武汉：武汉大学，2010.

③ 闫卫坡，王青，郭亚琳，等. 岷江上游山区聚落生态位地域边界划分与垂直分异分析[J]. 生态与农村环境学报，2013，29(5)：572-576.

④ 李巍，杨哲. 高寒民族地区乡村聚落边界形态量化研究：以甘南州夏河县为例[J]. 西北师范大学学报(自然科学版)，2019，55(1)：102-108.

⑤ 杨定海，张瑞海，范冬英，等. 海口美社村传统聚落形态变化的量化研究[J]. 西安建筑科技大学学报(自然科学版)，2017，49(6)：868-874.

⑥ 谢荣幸，包蓉. 贵州黔东南苗族聚落空间特征解析[J]. 城市发展研究，2017，24(4)：52-58.

表征了聚落边界①。用以往的方法对村落边界进行确定时，由于各研究者的经验不一，判断、提取的规则不尽相同，且未能完善考虑自然界面(河流山体等)等对用地权属的影响，与实际存在一定误差。

在已有方法中由于浦欣成所提出的方法相对严谨，能够保证提取结果的唯一性。该方法对于有明确产权线的区域，定义村落边界以产权线确定；对于有明确自然边界线(河流的区域)，以自然边界线确定；若自然界限与村落建筑距离超过 5 m，则以靠近自然边界的村落建筑边界线确定；当两建筑之间存在道路时，首先考虑建筑边界与道路边界的衔接，再考虑道路边界与另一侧建筑边界的衔接。继而通过实地勘探，对提取的边界线进行优化调整，其重点在建筑边界与自然区域的衔接处。

因此，本研究基于村落建设现状，以测绘地形图为基础，将浦欣成所提出的方法与现场勘探校核相结合，最终确定南屏村空间肌理研究边界(图 8-3)。

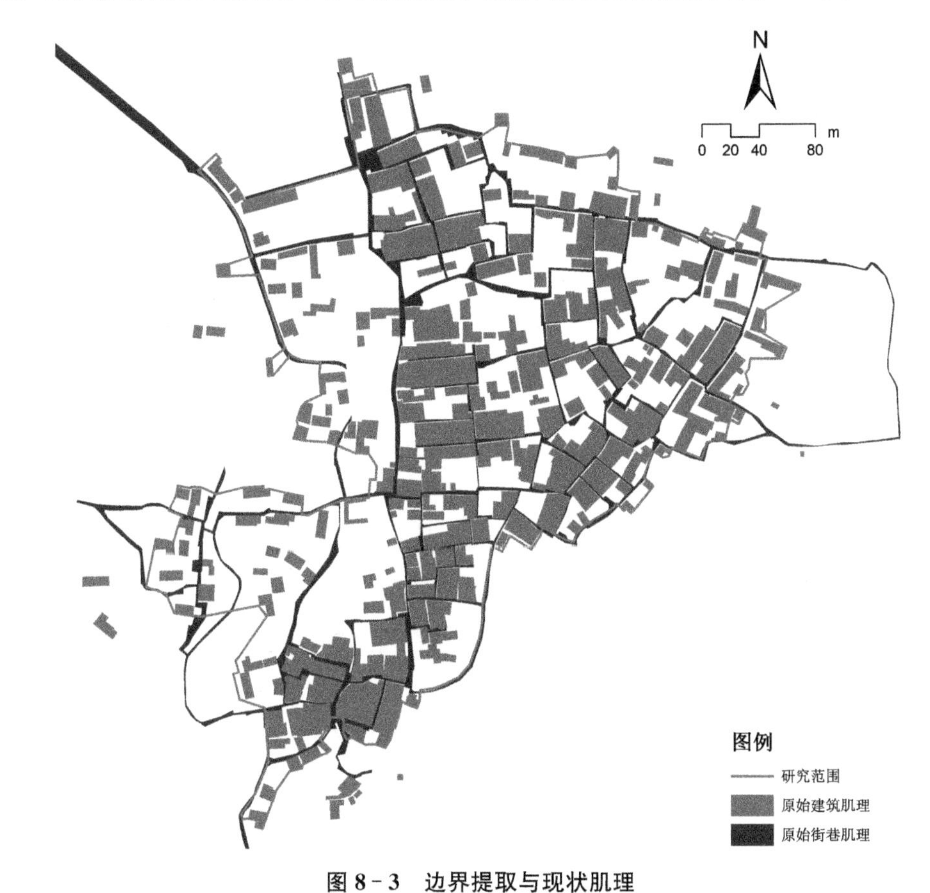

图 8-3 边界提取与现状肌理

① 浦欣成.传统乡村聚落二维平面整体形态的量化方法研究[D].杭州:浙江大学,2012.

8.3.3 道路空间肌理预处理与特征解析

1）道路肌理数据预处理

现状道路空间肌理形态较为复杂，需要从道路交叉口、路幅宽度、道路形态等方面进行优化处理。道路交叉口的优化处理中主要对交叉口中多余的区域进行裁切以及对转弯半径进行优化，同时对于距离较近的交叉口进行合并（图 8－4）。在优化过程中允许存在一定误差，但需保证两个原则前提：一是对整个传统村落空间肌理不产生明显影响；二是优化后的形态应便于计算机模拟。

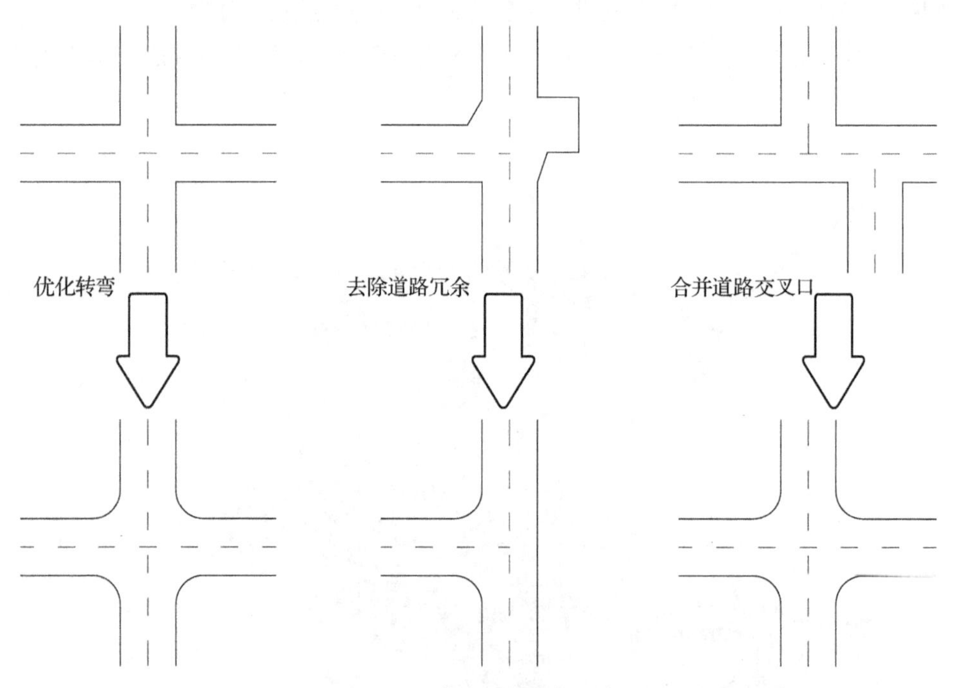

图 8－4 道路肌理优化示意

自然生长的村落道路网中，同一条道路存在着路幅宽度不一、部分地段道路线型过于曲折等问题。路幅宽度的优化处理以交叉口作为节点将道路拆解成多条路段，对分解成段的道路进行多点采样，测量各段道路宽度，采样测量得到的平均采样值作为该段道路的宽度。

对选中的道路进行简化处理提取骨干部分，由于研究路网的整体特征不必保留所有空间细节，具体策略为将村落道路分为主要道路与次要道路以及街巷空间，对每个交叉口之间的道路宽度统一，对于圆弧或者曲线路段则采用“道格拉斯–普克算法"(Douglas-Peucker algorithm)进行直线段拟合[①②](图 8-5)。

图 8-5 "道格拉斯-普克"算法示意

2) 道路肌理特征参数化解析

对于传统村落空间肌理特征参数的选择,除从形态学上考虑,还需要对其文化内涵进行探究,选取既能够控制肌理形态又能够展示文化精神的特征参数。传统村落街巷路网在"顺天时,量地力;因天材,就地利,道路不必中准绳"等封建礼法思想的影响下,充分展示了村落营造时与自然环境的适应性与协调性,其外在多表现为有机生长的、不规则的形态。同样作为传统村落中的街巷,由于日照等气候条件的差别,北方村落的街巷尺度普遍较大。[③] 街道的高度、宽度等不同尺度会给人带来不同的行为体验,甚至影响人的行为趋势。街道的走向、角度、交叉口等形态特征不仅能使人们感受到不同的情绪,还能够控制村落建筑的走势、朝向等。村落街道空间除单纯交通连接功能以外,更多是作为村民生活的载体与容器,支撑了人们多层次的行为需求,通过对街道空间的特征解读,能够有效还原传统村落交通交流的场景。

此外,水系与徽州传统村落的演进发展高度关联,街巷空间有着"与水相伴"的显著特征,村落中主要街道或边缘处街道往往结合自然水系布置,或根据街道开挖沟渠引水入村。对街道空间肌理的解析一定程度上反映了徽州传统村落的水系特征。

CE 平台已集成完整的道路生成模块,但其构建思路仅基于图形学出发,对于实际情况缺乏良好的衔接,在应用中存在一定不足。主要表现在其参数值的内在含义不明确、参数变量有限存在局限性等方面。但已有的参数已经能够从形态学

① 李世宝,陈通,刘建航,等.基于交叉点的道路曲线化简算法研究[J].测绘工程,2017,26(7):1-4.

② 孙承勃,李轶鲲,张志华.基于道格拉斯-普克算法的图像分割初探[J].测绘与空间地理信息,2012,35(5):33-35.

③ 万良磊.张谷英村巷道文化研究[D].长沙:中南林业科技大学,2014.

上控制村落道路空间肌理，另外结合童磊、葛丹东等①②③对于村落道路参数化的研究并结合大量的相关实验最终确定村落道路参数化提取为6个方面，包括整体路网形态、道路交叉口、道路长度、道路宽度、道路偏角以及道路数量(表8-1)。

表8-1 传统村落道路空间肌理参数集④

类型	名称	定义	提取算法
整体路网形态	路网形态	有机路网(Organic)	根据路网的特征进行总结，混合型路网可以将三种形态的路网进行组合
		放射路网(Radial)	
		方格路网(Raster)	
交叉口	村落中心区域	村落中心区域的数量	一般为村落的公共活动中心，同时村落公共中心的道路密度会比其他区域道路密度要高
	捕获距离	道路交叉口之间的最小距离	统计各交叉口之间的距离并取最小值
	交叉口比率	主要道路节点数量与交叉口数量之间的比率	交叉口比率＝主要道路节点/交叉口节点数
	交叉口最小角度	道路交叉口最小的角度	统计道路交叉口最小的角度值
道路长度	较长道路长度 l_a	较长道路集合中的平均值	算出所有道路长度的平均值$\bar{l}$，将大于$\bar{l}$的道路选出作为集合A，小于$\bar{l}$的道路选出作为集合B，求出大于$\bar{l}$所有道路为集合A，集合B的平均长度即为较长道路长度l_a，同理将大于$\bar{l}$换为小于$\bar{l}$值即得出较短道路长度$\bar{l}_b$
	较短道路长度 l_b	较短道路集合中的平均值	—
	较长道路弹性区间 $\bar{l}_a$	较长道路长度可以上下浮动的范围	在较长道路计算的基础上，在集合A中选出最大值与最小值和l_a进行差的绝对值平均数即可得出较长道路弹性区间$\bar{l}_a$，同理可得到较短道路弹性区间$\bar{l}_b$
	较短道路弹性区间 $\bar{l}_b$	较短道路长度可以上下浮动的范围	

① 葛丹东，童磊，吴宁，等. 乡村道路形态参数化解析与重构方法[J]. 浙江大学学报(工学版)，2017，51(2)：279-286.

② 吴宁，温天蓉，童磊. 参数化解析与重构在村落空间中的应用研究：以贵州某传统村落为例[J]. 建筑与文化，2016(5)：142-143.

③ 葛丹东，童磊，温天蓉，等. 场所复兴导向的城乡空间肌理规划研究：一种参数化思维方法的探索[J]. 建筑与文化，2015(9)：105-106.

④ 吴宁，温天蓉，童磊. 参数化解析与重构在村落空间中的应用研究：以贵州某传统村落为例[J]. 建筑与文化，2016(5)：142-143.

续表

<table>
<tr><th>类型</th><th>名称</th><th>定义</th><th>提取算法</th></tr>
<tr><td rowspan="4">道路宽度</td><td>主道路宽度 d_1</td><td>主道路的平均宽度</td><td rowspan="4">确定道路等级，在一段道路中选取三个点计算道路的平均宽度，算出主道路宽度平均值 d_1，次道路宽度 d_2，街巷宽度 d_3，分别计算出 d_1、d_2、d_3 与其道路宽度中的最大值与最小值进行差的绝对值平均数，即可求得道路弹性区间$\overline{d_1}$、$\overline{d_2}$、$\overline{d_3}$</td></tr>
<tr><td>次道路宽度 d_2</td><td>次道路的平均宽度</td></tr>
<tr><td>主道路弹性区间$\overline{d_1}$</td><td>主道路可上下浮动的弹性区间</td></tr>
<tr><td>次道路弹性区间$\overline{d_2}$</td><td>次道路可上下浮动的弹性区间</td></tr>
<tr><td>道路偏角最大值</td><td>道路间夹角的较小值</td><td colspan="2">统计两道路相交处较小的夹角度数，去除极端值，取最大值作为“最大道路偏角”</td></tr>
<tr><td>道路数量</td><td>道路的段数</td><td colspan="2">通过道格拉斯-普克算法，将弧形道路分解成一段段直线道路，统计道路总数量</td></tr>
</table>

8.3.4 地块空间肌理预处理与特征解析

1）地块数据预处理

（1）提取流程

首先对现状 CAD 数据进行预处理，保留道路网络、建筑轮廓，明确各片区用地功能，在此基础上初步提取地块空间肌理。其具体步骤如下：① 提取村落内的道路、水系、山体等要素；② 提取农田、菜地等作为单独地块；③ 提取祠堂、水口等特殊公共空间；④ 划分组成居住单元；⑤ 对各居住单元之间的公共（模糊）空间按照一定规则分解到各个居住单元；⑥ 确定地块分割线，完成地块空间的初步提取；⑦ 实地勘探，校核存在疑问的区域，完成地块空间肌理的提取。

（2）提取原则

在地块提取过程中，根据不同区域的情况，需要遵循不同的地块提取规则。主要包括：① 根据测绘地形图，结合卫星地图、航拍影像，确定村落边界范围内的菜地、园地、农田等地块界线；② 对于没有明确围墙界线的建筑单元，规整化处理建筑肌理；③ 对于有明确围墙线的建筑单元，以围墙线为界线；④ 对于建筑存在一定相邻或相接关系的，按实际调查的空间权属进行界线划分，以产权界线为空间界线，并进行规整化处理；⑤ 建筑单元之间的公共空间，按邻近单元的使用频率进行划分。

（3）地块肌理优化思路

根据实际信息所提取的地块肌理常存在不规则的情况，因此需要对提取的地块肌理采取一定的优化手段。地块优化需遵循四条主要原则:① 整体肌理不变,保持优化前后的地块几何形状特征不变,且不能将原地块拆分(图 8-6(a));② 控制优化合理误差,在地块肌理优化过程中,不可避免会使地块面积发生变化,研究应对优化前后的地块面积进行对比,保证误差在 5%以内;③ 简化地块形状,将微曲的地块边界简化为直线,剔除长度极小的边(图 8-6(b));④ 邻接地块互补优化,对邻接的地块单元,整体考量空间肌理关系,同时优化相邻地块(图 8-6(c))。

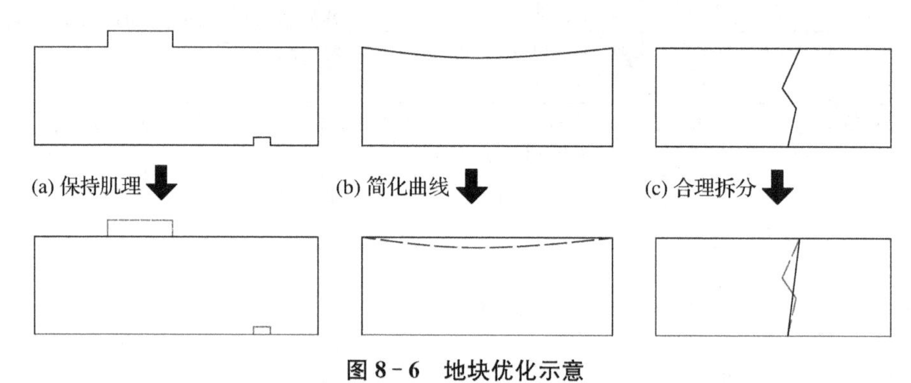

图 8-6　地块优化示意

2) 地块肌理特征参数化解析

徽州传统村落多聚居且重宗教礼法,在村落的布局上具备强烈的向心性与层级性,村落中心多是宗族祠堂,村落边缘僻静之处多布置书院等育人场所。宗族祠堂承担着祭祀祖先、联络宗亲等功能,具有凝聚村落文化、强化宗族观念的作用,是徽州人宗族的象征及村落的核心,是宗族文化的外在形态及物化载体。[①] 从空间平面肌理上看,祠堂等公共建筑所处地块一般面积较大,形态较为规整,且处于村落中心区域。而村落民居建筑围绕祠堂布置,也使得村落中心区域建筑密度相对较高。同时,在不同地块功能性质的影响下,村落各区域的道路肌理、地块肌理也存在一定区别。

因此,从整体视角解读地块组团特征、地块功能构成能够清晰地识别出村落核心,并展示村落地理情况、传统风水观念以及聚族而居的宗族文化。另外,从局部视角对单个地块形态、规模特征的解析,能够充分表现出村落营建的发展历程,以及建设过程中所受到的文化影响。综合整体与局部视角下的肌理解析,有利于挖掘传统村落肌理生长的演化逻辑,能够追寻与村落营建伴生的文化脉络,激活村落

① 王苏宇,陈晓刚,林辉.徽州传统村落景观基因识别体系及其特征研究:以安徽宏村为例[J].城市发展研究,2020,27(5):13-17.

文化基因，重现传统村落的文化景观风貌。

（1）地块组团特征

传统村落的地块主要由两种方式生成：一是空间拓展型，即随着家庭人口的增多，由传承的宅基地不断向外拓展，新建房屋，这一途径中也包括邻接原地块生长与飞地式生长两种类型；二是地块内分型，即随着子孙传承，将原地块的权属不断细分为更多的小地块（图8－7）。从图形学来看，传统村落地块组团可大致分为“网格型”“内退型”“骨架型”（图8－8）。

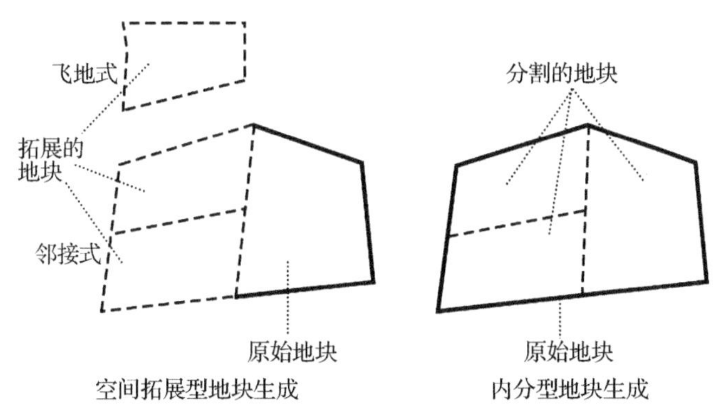

图8－7　地块生成示意

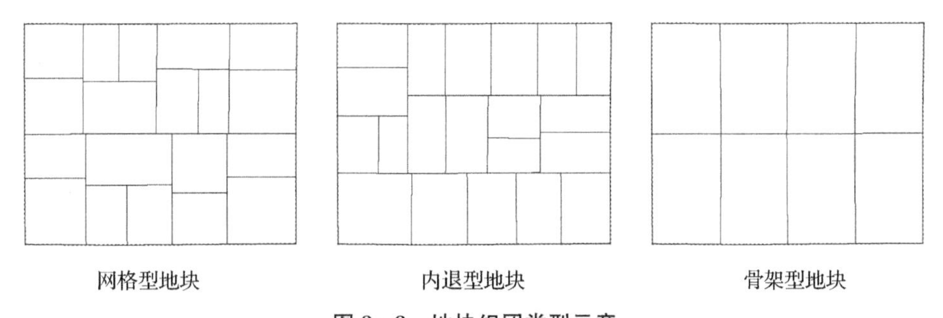

图8－8　地块组团类型示意

网格型地块一般组团规模相对较大，组团内用地较为紧凑，居住单元多邻接生长，组团内多数地块不直接与村落道路邻接，内部住宅多依靠建筑墙体之间的窄巷维持交通。内退型多是由村落道路围合而成，其中心多为开放空间或祠堂等，组团四周地块多与道路直接相连。骨架型多受地形条件影响，一般为条带状分布，其一侧或两侧与道路相连。

（2）地块功能构成

地块功能构成的解析主要包括居住地块、公共建筑（祠堂）地块、开放空间（广场)、绿地、菜地等的数量及规模构成。

(3) 单体地块形态特征

地块肌理解析过程中划分的细小地块,由于受自然要素、地块权属等的影响,地块形态不一,且多不规则(图 8-9)。通过统计地块方向、角度、地块最大边长、最小边长等信息,能够在参数化重构中较为准确地刻画村落肌理。

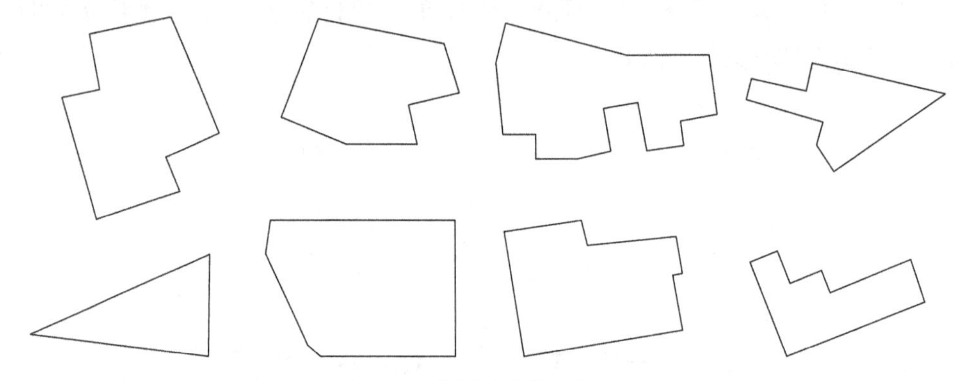

图 8-9 南屏村地块形状示例

(4) 单体地块规模特征

通过对南屏村地块面积的统计,发现超过 55%的地块面积处于 60~200 m² 之间,村落中心处祠堂等公共建筑所处地块的面积均超过 400 m²,地块面积整体呈现倒 U 形分布。同时,通过对地块规模分布的空间特征分析,发现靠近村落中心区域的地块面积普遍比边缘区域的地块面积大,且中心区域地块密度较边缘区域地块密度更高(图 8-10)。

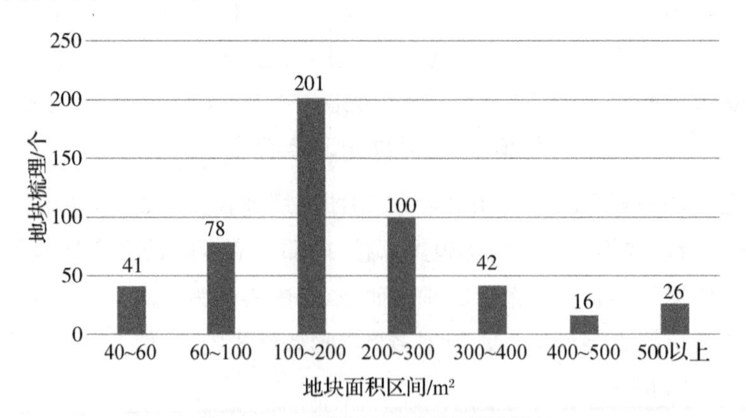

图 8-10 南屏村地块面积频数统计

通过对地块肌理的特征解析，结合当前传统村落保护与发展的实际要求，以及CE平台所能支持控制的参数类型，遴选出村落地块肌理的参数(表8-2)。

表8-2　传统村落地块空间肌理参数集

参数类型	参数名称	参数含义
地块组团类型	网格型、内退型、骨架型	地块内单体地块的组合类型
地块面积参数	地块最大面积	所有地块中的最大地块面积
	地块最小面积	所有地块中的最小地块面积
	地块平均面积	所有地块的平均地块面积
地块规模构成	地块面积区间占比	按一定规则对地块面积大小分类，统计各区间内地块数量的比重
地块角度	地块最大角度	地块内各顶点相邻两边的夹角，统计所有地块的角度，筛选出其中最大与最小角度
	地块最小角度	
地块边长	地块最短边长度	地块边长由地块最小外接矩形的长度和宽度来辅助描述，在参数化解析中还需要统计地块最小外接矩形的长宽比例关系
	地块最长边长度	
地块功能特征构成	各类地块数量占比	村落边界范围内居住建筑地块、公共建筑地块、菜地、绿地、开放空间等各类地块所占比重
地块方向		地块最小外接矩形的长边方向即为地块方向

8.3.5　建筑空间肌理特征解析

徽州地区独特的自然地理环境和悠久的历史传承，衍生了风格独特的徽派建筑，其中建筑肌理则是人们感知建筑文化最直观的视觉媒介，它反映了徽州地区社会生活状态以及历史沿革特征。建筑空间肌理分为平面肌理与立面肌理两方面，平面肌理包括建筑、庭院、街巷等，立面肌理包括台基、屋身、屋顶等信息。

1）建筑平面肌理特征参数化解析

(1) 建筑基底形状特征

我国传统村落受传统农业的影响，建筑营造时常常需要考虑生产生活的结合，且徽州地区土地资源紧张，建筑营建较为紧凑，通过对建筑基底的解析，总结徽州古民居的平面布局基本形制以"一"字形、"凹"字形、"回"字形为主(图8-11)。其中"凹"字形为"一进一天井"格局，主体建筑为"一正两厢"；"回"字形为"两进一天井"格局。

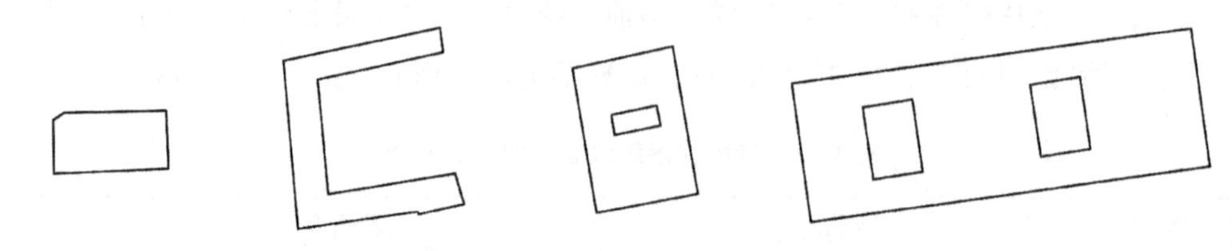

图 8-11　南屏村建筑基地形状实例

(2) 建筑基底规模特征

建筑基底规模特征的解析,需要对研究范围内所有建筑的基底进行统计。包括不同基底面积区间内建筑梳理的比重,各类形制建筑基底面积分布。同时在对建筑基底规模进行分析时,还需要对建筑基底的进深、面宽进行统计,提取其最大与最小值。

(3) 院落空间特征

建筑院落空间主要由建筑界线与地块界线围合而成。院落是民居建筑中的养殖、种植空间,也是沟通、交往的半公共空间。院落的布局主要受民居主人个人理念的影响,存在前院、后院、侧院等形式。常通过分析建筑后退地块边界的距离来表征其四至范围。

(4) 建筑朝向特征

徽州传统村落内建筑朝向主要受两方面因素影响:一是日照等自然环境的影响,为满足日照,而选择南向;二是考虑村落内祠堂等富有精神意义场所的位置,将民居建筑朝向公共建筑布置。由于多种因素的影响,且徽州传统村落内建筑多为一或二层,普遍较低,因此村内建筑朝向较为随机、不显著。

2) 建筑立面肌理特征参数化解析

(1) 建筑纹理特征

徽州传统村落在营建时大量使用了地域材料,砖木、青石等的运用塑造了鲜明的地域建筑特色,促进了村落与自然的和谐相融。白墙黑瓦马头墙成为徽派建筑的代名词。

(2) 建筑高度特征

建筑高度分为两个方面,一是建筑层高,二是建筑层数。通过实地调研统计得知,徽州传统村落民居建筑层高普遍在 2.8～4.0 m 之间,平均层高约 3.2 m。而可用于建造房屋的土地极为有限,因此徽州传统村落内建筑多为二层建筑。多变的建筑高度,使得村落空间形态更为丰富,村落天际线灵活多变。

(3) 建筑屋顶特征

我国传统建筑屋顶样式多变，有歇山顶、悬山顶、硬山顶等，而古代徽州村落内以民居为主，同时适应亚热带季风气候的特点，多是较为简单的硬山顶与悬山顶(图 8 - 12)。

图 8 - 12　南屏村建筑实景

8.4　村落肌理特征提取与参数化重构

8.4.1　肌理重构的技术优化

徽州地区多山、少平原，传统村落所处地形起伏较大，且村落营建受风水观念影响，村落拥山抱水，因此在村落肌理重构过程中还需要考虑自然地理环境对村落的影响。主要包括地形起伏、山水格局以及气候等条件的作用。

1) 环境变量的设置

基于环境要素影响的考虑，在 CE 中重构村落肌理时，需要预先判断区域自然本底，制作障碍地图，以此控制肌理生成与否。如道路布局存在很多的限制，这些限制区域可能是生态用地，也可能是高程、坡度等地形条件极不适宜的区域，这些区域都不能出现街道或者建筑。为了在 CE 中模拟这些情况，需要创建一个 obsta cle layer(障碍图层)来进行控制。CE 默认障碍图层中深色区域代表障碍,障碍值越高,则生成道路与建筑的概率越低,浅色区域为正常。

基于 GIS 平台对研究区域及其周边的 DEM 数据、生态用地数据、土壤数据等进行用地适宜性评价。同时提取区域范围内的生态用地,将其定义为障碍值最高的区域,从而阻止道路在生态用地内生成。并对各单项变量的阻值图进行归一化处理,避免某一因素影响过大。最终将各单项阻值栅格图叠加成为障碍地图(图 8-13)。在 CE 中重构之前,首先导入地形数据、纹理数据以及障碍地图,以创建村落肌理重构的环境。

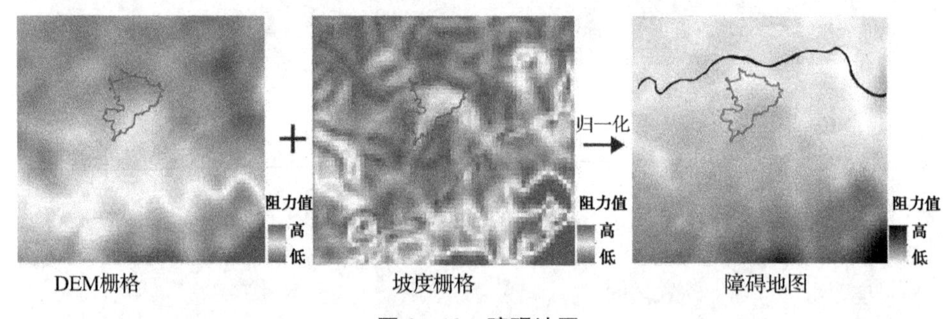

图 8-13 障碍地图

2) 水口空间的体现

水口空间是徽州村落中的重要构成要素,常以地形、水系走势为基础,与村落共生,且多在水口空间借景修建观赏构筑物,使得水口空间成为村落中景观体验的极佳之处。

南屏村的水口曾远近闻名,但发展中未得到足够的重视,原始景观已严重损坏。古南屏水口位于村落东北部,数十棵参天古木巍然耸立,故称"万松林"。在对村落肌理解析时需要考虑水口空间所处空间位置、水口空间规模以及水口空间内所包含的内容,可以发现村落水口空间即为村落水流的入口和出口,通过改造地形和新建人工构筑,水口也自然形成独立的空间形态。

出于以上考虑,在重构阶段需要单独编写水口空间 CGA 规则,通过 import(导入)命令使新生成的村落肌理能够充分考虑水口空间在徽州传统村落中的影响。由于本研究从村落整体肌理出发,主要考虑村落水系的走向与格局,单体水口空间的形态特征非本文研究重点,因此对于重构肌理中的水系主要通过环境地图与道路肌理来体现。

8.4.2 道路空间肌理提取与参数化重构

1) 道路肌理特征参数提取

南屏村道路街巷空间布局灵活，同一道路不同路段存在路幅宽度不一等情况，按前文所述的道路肌理优化思路对提取的原始道路肌理进行优化，得到结果如图 8-14 所示。进一步对道路空间肌理参数化解析，得到结果如表 8-3 所示。

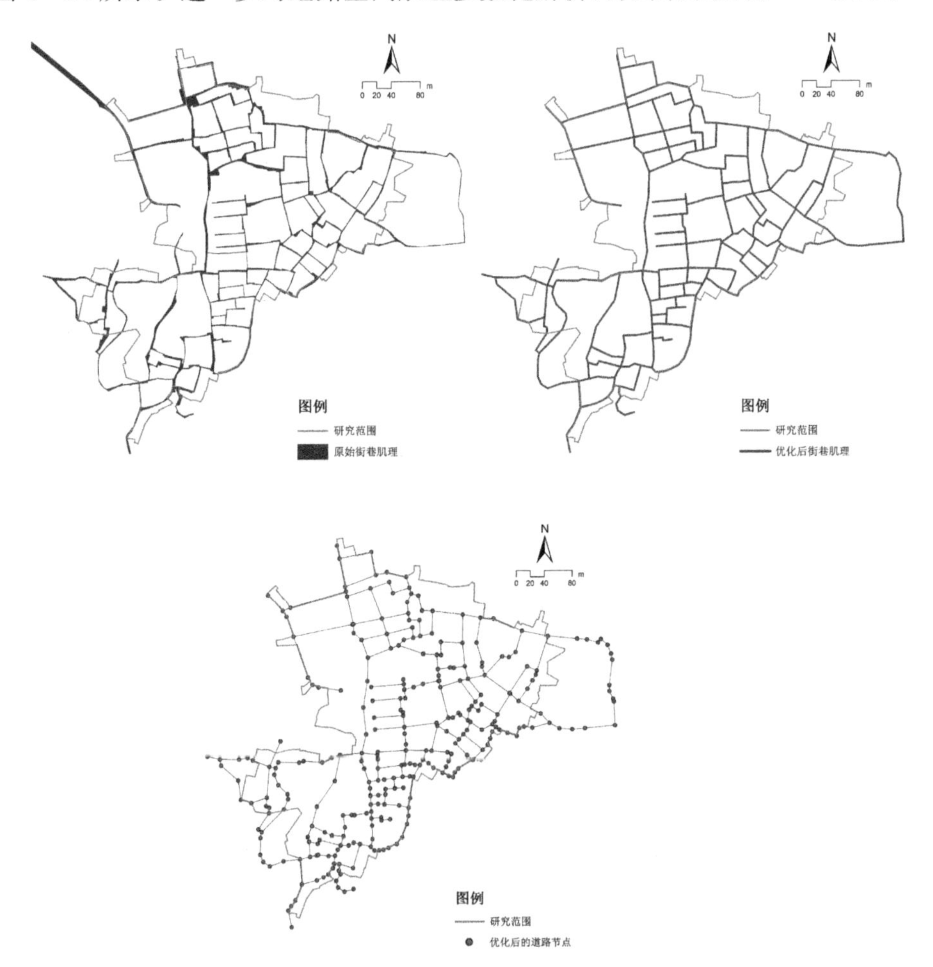

图 8-14 南屏村道路空间肌理

表 8-3 南屏村道路空间肌理参数化解析成果

参数名	参数值	参数名	参数值
交叉口捕获距离/m	6.56	主道路宽度/m	3
交叉口比率	2.56	主道路弹性区间/m	1

续表

参数名	参数值	参数名	参数值
交叉口最小角度	59.9°	次道路宽度/m	2
较长道路长度/m	33.89	次道路弹性区间/m	1
较长道路弹性区间/m	70.92	道路数量/条	323
较短道路长度/m	11.08	最大道路偏角	27.3°
较短道路弹性区间/m	16.67	主要道路形态模式	有机型
次要道路形态模型	有机型		

2）道路肌理重构的 CE 实现

道路空间肌理参数化重构的目标是根据提取的参数化属性数值，计算推演出与原村落肌理相协调且满足现代生活需求的道路空间肌理。CE 提供了较为完整的路网生成规则，将提取的特征参数输入路网生成模块，计算机即可快速自动模拟出新的路网模型（图 8－15）。同时也可以首先导入原村落路网肌理，在原有的路网模型中选择进行延伸，在内部规则中引入相关的随机变量，每次生成的路网模型都可获得不同的方案，有利于多方案比较，而且新生成路网的参数与原始的村落路网参数相同，保持了原有的村落道路空间肌理。

图 8－15　CE 道路生成模块参数面板

3）道路肌理参数化重构

将提取的道路肌理参数按前文所述思路导入CE平台进行计算机自动模拟，生成若干种道路肌理方案，选择其中两组道路空间肌理方案展示如图8－16所示。

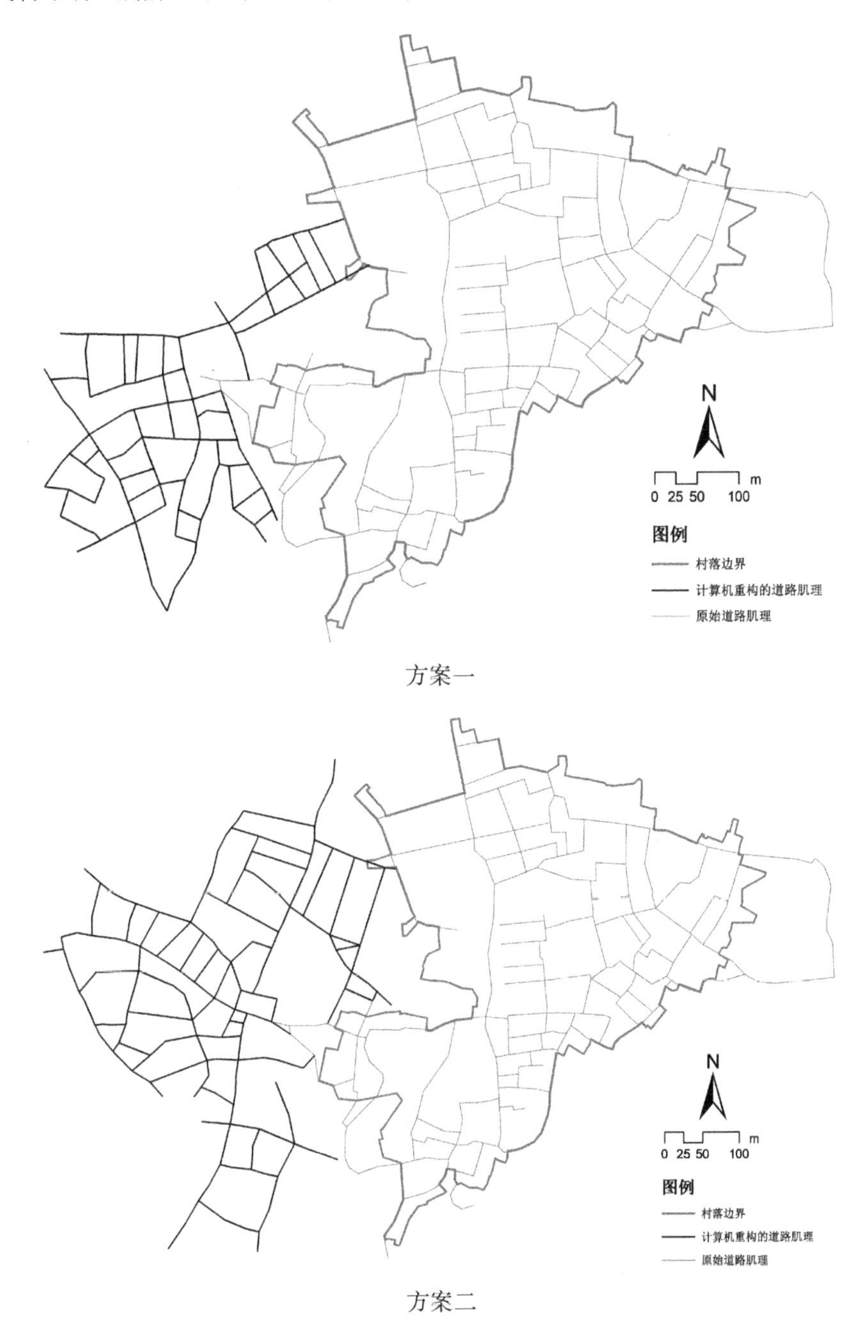

图8－16 CE模拟生成的道路肌理方案

由于计算机按照规则语言自动模拟的方案存在一定的随机性与不足，因此需要在自动模拟生成的大量重构方案中挑选出较为合理的方案，并加以人工的修正。CE 提供了较为便捷的人工交互环境，对某一道路进行修改也会实时调整其周边路网形态，有利于手动调整时对路网结构合理性的判断。因此研究在选定模拟方案后，直接在 CE 中进行调整。图 8－17 为基于方案二手动调整后的优化方案，以此作为地块骨架生成的基础。

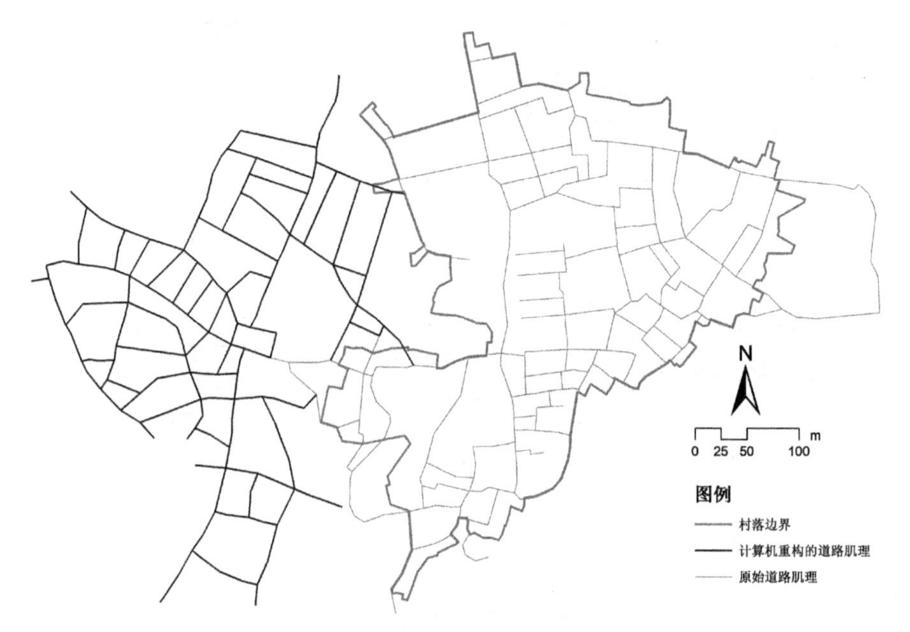

图 8－17　优化后的道路模拟方案

8.4.3　地块空间肌理提取与参数化重构

1）地块肌理特征参数提取

南屏村内邻接建筑较多，仅依靠影像图与测绘地形图难以进行准确的地块肌理划分，因此在研究过程中安排实地勘探，以确保准确厘清空间权属关系与使用情况，从而明晰地块边界。

从提取的地块空间肌理来看，南屏村的空间结构总体呈网格状形态，少量地块呈现递归型与骨架型。村落内分布有多个祠堂，所占地块面积均较大，分别成为各个地块组团的中心，其中南屏村大姓叶氏宗祠“序秩堂”处于村落核心区域，占地较广。在实地调研中，发现不少祠堂或历史上大户人家所有的民居所占地块面积较大，如序秩堂、程家祠堂、“小洋楼”、冰凌阁等，考虑其历史文化价值较高，在地块划分中，未按照当前的建筑权属进行划分，导致在地块面积统计中存在一些面积较大的地块。对地块空间肌理按前文所述方法进行优化，提取到地块肌理如图 8－18 所示，并求得相关特征参数值如表 8－4 所示。

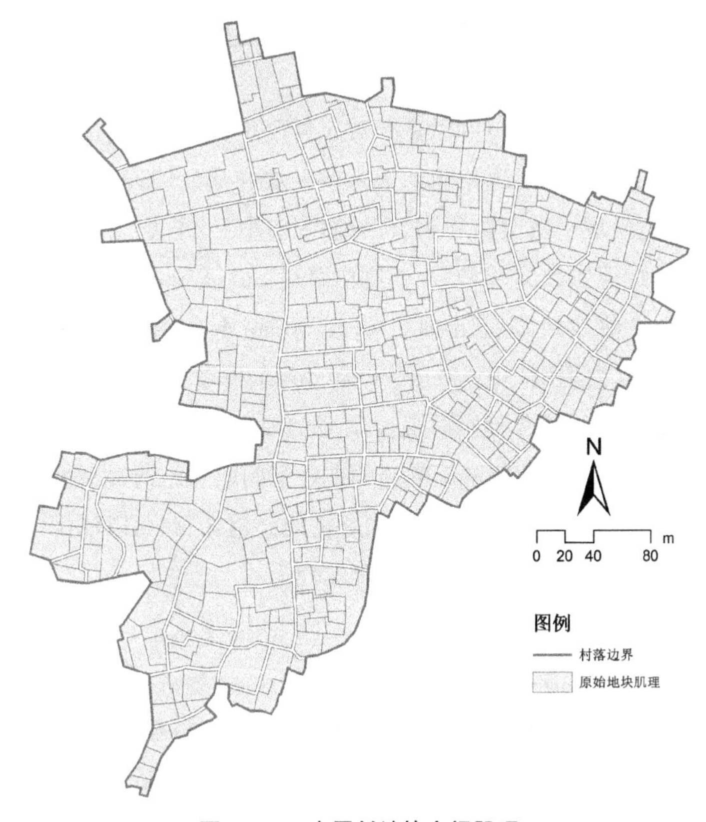

图 8－18　南屏村地块空间肌理

表 8－4　南屏村地块空间肌理参数化解析结构

<table>
<tr><td rowspan="2">地块组团类型</td><td>类型</td><td colspan="3">网络型</td><td colspan="2">递归型</td><td colspan="2">骨架型</td></tr>
<tr><td>占比/%</td><td colspan="3">91.6</td><td colspan="2">2.5</td><td colspan="2">5.9</td></tr>
<tr><td rowspan="2">地块面积区间及占比</td><td>区间/m²</td><td>40～60</td><td>60～100</td><td>100～200</td><td>200～300</td><td>300～400</td><td>400～500</td><td>>500</td></tr>
<tr><td>占比/%</td><td>8.1</td><td>15.5</td><td>39.9</td><td>19.8</td><td>8.3</td><td>3.2</td><td>5.2</td></tr>
<tr><td colspan="2">地块最大面积/m²</td><td colspan="2">919.03</td><td colspan="3">不规则度</td><td colspan="2">0.7</td></tr>
<tr><td colspan="2">地块最小面积/m²</td><td colspan="2">41.30</td><td colspan="3">地块最大角度</td><td colspan="2">140°</td></tr>
</table>

续表

地块平均面积/m^2	196.62	地块最小角度	72°
地块最短边长度/m	3.12	地块适应地形的校准	Average
地块最长边长度/m	53.83	地块长度比的最大值	3.8
公共建筑地块占比/%	1.5	地块长宽比的最小值	1.25

2）地块肌理重构的 CGA 编写

地块空间肌理重构的核心目标是在对原村落地块肌理解析的基础上，重构出与原村落肌理相协调且满足现代生活需求的地块布局。CE 在计算重构出道路空间肌理的同时，也生成了由道路所围合的地块组团（Lot），地块空间重构便是根据提取的地块肌理特征参数编写 CGA 规则语言对 Lot 实行一系列的地块细分。

CE 提供了三种地块划分的内置函数：Recursive Subdivision（递归细分）、Offset Subdivision（内退细分）、Skeleton Subdivision（骨架细分），并提供了相应的控制参数，因此在编写 CGA 规则时直接调用三种函数进行多种类型地块细分，即可模拟出与原村落地块肌理相匹配的新的地块空间肌理。通过对南屏村地块组团类型分统计，可以得到三种地块细分类型所占的比重，因此可以使用"占比函数"来控制各类型地块组团生成的数量。其代码实现为：

```
Lot-->                            #对所有组团地块进行操作
  a%: recursive subdivision       #a%的地块按照递归型划分
  b%: skeleton subdivision        #b%的地块按照骨架型划分
else: offset subdivision          #a%的地块按照内退型划分
(注：其中 a+b≤100)
```

地块肌理还包括地块面积规模、地块最大（小）边长、公共建筑（祠堂等）地块所处区域、各类面积地块内建筑类型占比、不规则度等内容。其中部分属性可直接通过 CE 的控制面板进行操作（图 8-19），其余属性可通过编写 CGA 规则进行控制。

首先，对于各类面积地块内建筑类型占比，可借助 CE 的内置 geometry 函数进行规则编写，其实现的核心代码如下：

```
case geometry.area<60   : 50%:"yi" 20%:"ao" 15%:"hui" 10%:"lvhua"
else:"kaifang"
case geometry.area<100  : 30%:"yi" 15%:"ao" 35%:"hui" 15%:"lvhua"
```

图 8－19　CE 控制面板

```
else:"kaifang"
    case geometry.area<200    : 25%:"yi" 20%:"ao" 35%:"hui" 15%:"lvhua"
else:"kaifang"
    case geometry.area<300    : 35%:"yi" 20%:"ao" 15%:"hui" 10%:"citang"
10%:"lvhua" else:"kaifang"
    case geometry.area<400    : 35%:"yi" 15%:"ao" 25%:"hui" 10%:"citang"
10%:"lvhua" else:"kaifang"
    case geometry.area<500    : 30%: "yi" 15%:"ao" 25%:"hui" 10%:"citang"
10%:"lvhua" else:"kaifang"
    else                      : 30%:"yi" 10%:"ao" 10%:"hui" 10%:"citang"
5%:"lvhua" else:"kaifang"
```

该代码核心思路是通过识别地块面积来安排地块内容，如第一行代码含义：当地块面积小于 60 m^2 时，有 50%的概率在地块上生成“一”字形建筑，20%的概率生成“凹”字形建筑，15%的概率生成“回”字形建筑，10%的概率生成绿化空间，剩余的概率则可能生成开放空间。通过代入解析所得的相关参数，即可相应地控制不同面积大小的地块生成相应的内容信息，从而模拟出与原村落相契合的各类面积地块内生成的建筑类型占比。

此外，在划分出建筑地块与菜地等地块类型之后，对于祠堂所处的地块一般为村落中心，可基于 CE 内置的距离函数编写相应的代码：

```
case distanceToCenter < 300 : 80%:"citang" 15%:"yi" 2%:"ao" else:"hui"
case distanceToCenter < 500 : 29%:"citang" 60%:"yi" 10%:"ao" else:"hui"
case distanceToCenter < 800 : 20%:"citang" 76%:"yi" 3%:"ao" else:"hui"
else                        : 1%:"citang" 4%:"yi" 90%:"ao" else:"hui"
```

该代码的核心思想即是通过判断地块与村落几何中心的距离，来选择生成各类型建筑的概率，从而能够较为准确地将祠堂等公共类型地块布置在重构的村落地块肌理的中心区域。

3）地块肌理参数化重构

根据手动调整后的路网形态与提取的地块特征参数，通过 CE 交互面板与 CGA 规则配合，计算机自动模拟出若干地块划分方式。本文选择其中两组地块空间肌理重构方案展示如图 8-20 所示。

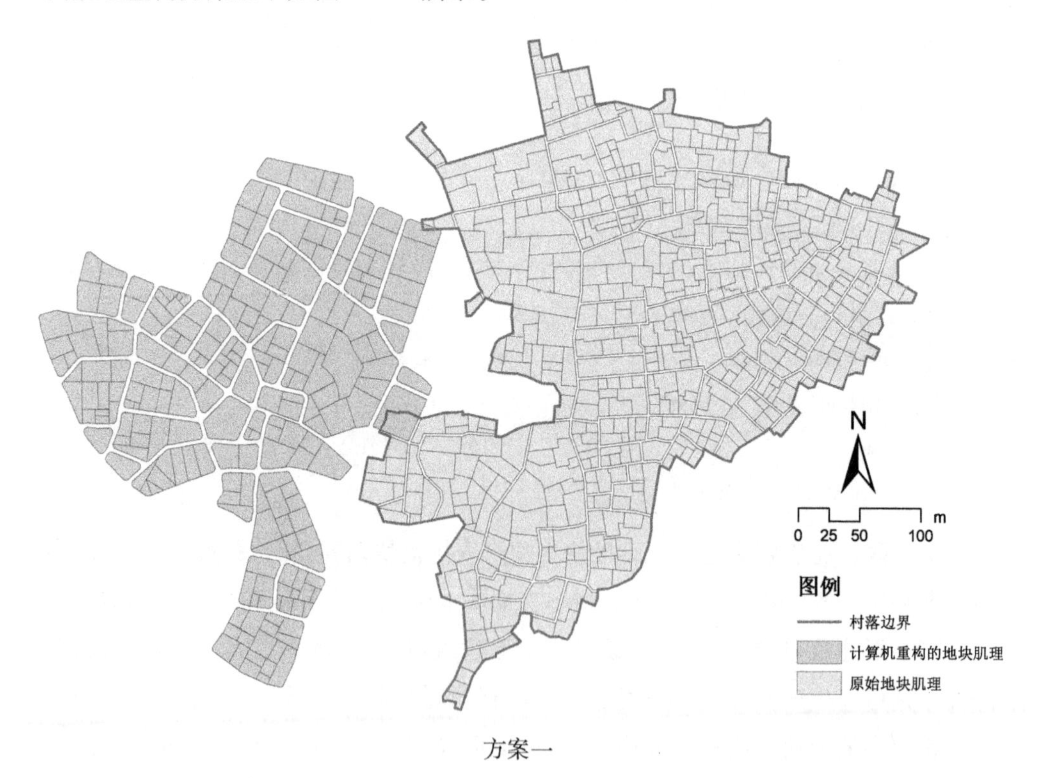

方案一

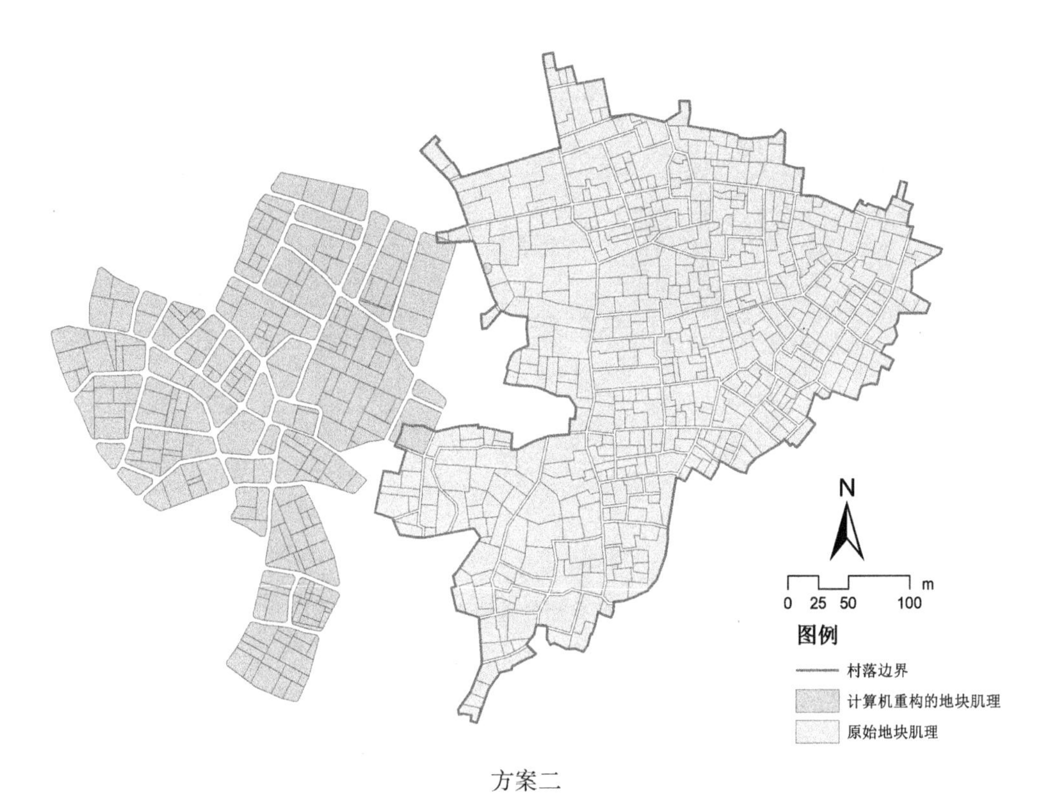

方案二

图 8-20　CE 模拟的地块肌理方案

在模拟过程中，地块的生成受到地块最大最小边长、地块角度、地块规模等参数的共同作用，可能出现地块面积超出限值、地块形状不符实际等情况。因此需要对计算机重构的方案进行手动修正，研究选取上图中方案二进行人工调整，调整后的方案如图 8-21 所示。

8.4.4　建筑空间肌理提取与参数化重构

1）建筑肌理特征参数提取

根据测绘的地形图以及前文所述的建筑空间肌理优化处理方法，得到南屏村建筑平面空间肌理如图 8-22 所示。村落内主要为“一”字形建筑，其次为“凹”字形建筑，分布有少量的“回”字形建筑，主要为村落内重要的祠堂等公共建筑。民居建筑的院落空间普遍较少，且民居基底面积相对较小。

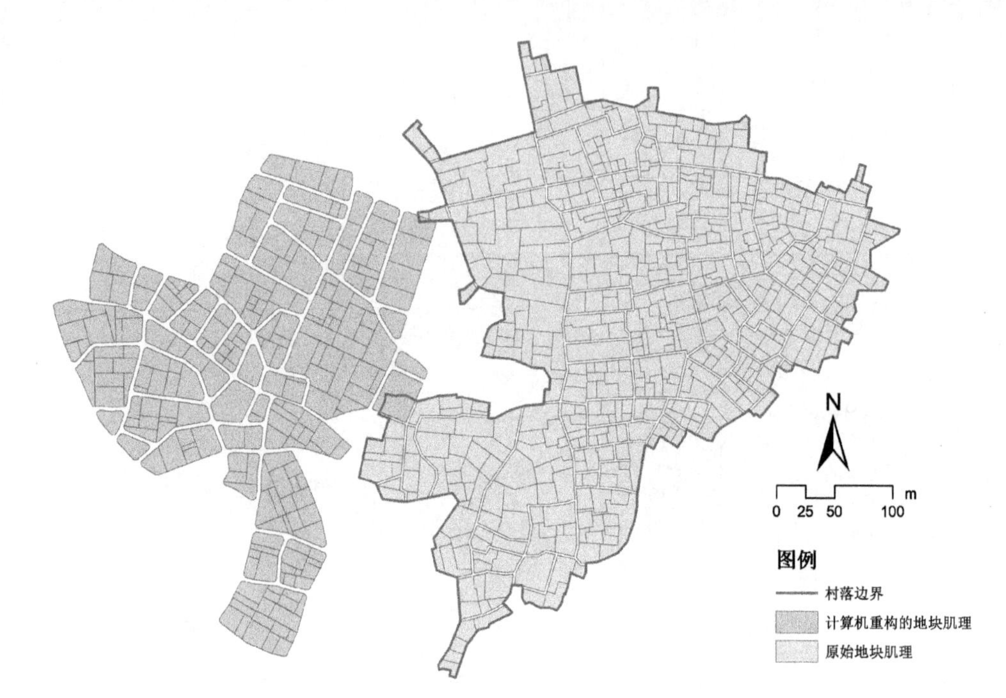

图 8 - 21　优化后的地块肌理重构方案

图 8 - 22　南屏村建筑肌理

从立面肌理来看，南屏村民居多为两层建筑，檐口高约 7 m，街巷宽 1～2 m，街巷空间比例为 1∶3.5～1∶7，街巷幽深、安逸静谧。建筑以双坡屋顶为主，以黑、白、灰为主色调。提取建筑肌理相关特征参数如表 8－5 所示。

表 8－5　南屏村建筑空间肌理参数化解析结构

<table>
<tr><td rowspan="3">建筑基地形状</td><td>类型</td><td colspan="2">“一”字形</td><td colspan="2">“凹”字形</td><td colspan="2">“回”字形</td></tr>
<tr><td>图示</td><td colspan="2"></td><td colspan="2">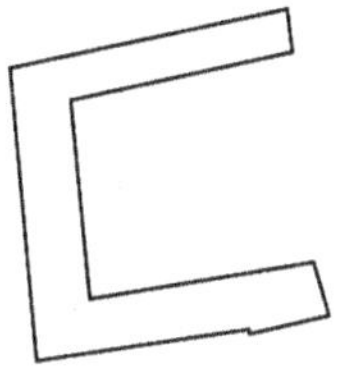</td><td colspan="2">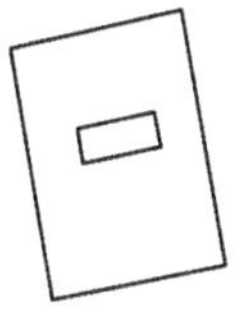</td></tr>
<tr><td>占比/%</td><td colspan="2">71.7</td><td colspan="2">23.8</td><td colspan="2">4.6</td></tr>
<tr><td colspan="2" rowspan="2">建筑基地面积</td><td>区间/m²</td><td>0～50</td><td>50～100</td><td>100～200</td><td>200～300</td><td>300 以上</td></tr>
<tr><td>占比/%</td><td>17.3</td><td>39.4</td><td>28</td><td>7.8</td><td>7.5</td></tr>
<tr><td>建筑朝向</td><td colspan="7">现状肌理中多为底层建筑，对采光没有特殊要求，建筑朝向较为随机，基本是与地块方向垂直或平行</td></tr>
<tr><td rowspan="2">建筑高度</td><td>区间/m</td><td colspan="3">一层[2.5,3.5]</td><td colspan="3">二层[6,7]</td></tr>
<tr><td>占比/%</td><td colspan="3">24.26</td><td colspan="3">75.74</td></tr>
<tr><td>屋顶形式</td><td>坡屋顶</td><td colspan="3"></td><td colspan="3"></td></tr>
<tr><td>屋顶表皮</td><td>灰瓦</td><td colspan="3"></td><td colspan="3"></td></tr>
<tr><td>墙体表皮</td><td>图示</td><td colspan="3"></td><td colspan="3"></td></tr>
</table>

续表

建筑基地最大面积/m²	840.1	最大进深/m	51.4
建筑基地最小面积/m²	14.4	最小进深/m	3.7
建筑基地平均面积/m²	123.4	平均进深/m	—
街巷空间/m	[0,2]	最大面宽/m	29.8
平均面宽/m	—	最小面宽/m	4.1

2）建筑肌理重构的 CGA 编写

建筑空间肌理的重构建立在地块细分的基础上，将建筑单体划分为若干构件，通过对每个构件编写 CGA 规则，并按一定逻辑使其对细分后的小地块作用，从而生成新的建筑肌理。其具体步骤一般为：

（1）根据建筑基底的形状、规模、进深、面宽、退让等参数，对细分后地块通过 setback（后退）、offset（内缩或外放）、split（分割）等命令，确定建筑主体、马头墙及庭院、街巷的范围。其核心代码实现如下：

```
LotInner-->Lot  #将细分后的小地块 LotInner 定义为 Lot
Lot-->
  setback(rand(0.5,1))
    #使 Lot 后退 0.5～1 m 之间的随机值，以形成街巷空间的灵活性
  {all:jiexiang | remainder:BuildingLot}
    #后退部分作为街巷，内部剩余部分作为初始建筑基底
BuildingLot-->
  innerRectangle(scope){shape:build | remainder:lvhuaLot}
    #取初始建筑基底最大内接矩形，矩形作为建筑区域，剩余部分作为绿化空间
build-->
  shapeU(8,5,8)  {shape:ao  |  remainder:lvhuaLot}
  #使用 shapeU 函数，在矩形基底内取得凹字形建筑基地，剩余部分作为绿化空间
```

该代码思路即首先使得细分地块 LotInner 成为 Lot，然后将 Lot 内退生成街道空间，继而求得内退后的区域最大内接矩形作为初始建筑基底，进一步在初始建筑基底内根据所需的建筑基底形状使用相应的函数，得到建筑主体基底（图 8-23）。

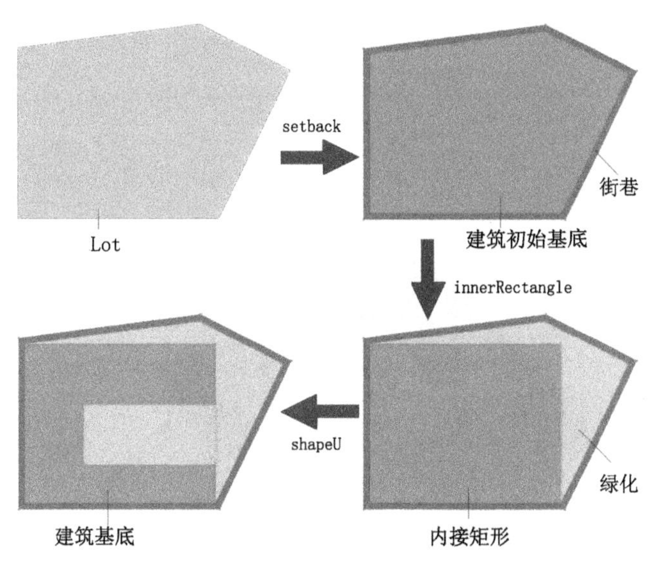

图 8 - 23　建筑基底代码实现图示

(2) 根据建筑高度、层数等参数，对建筑主体基底范围通过 extrude(拉伸)、comp(拆分)等命令，生成建筑的立体形态。其核心代码实现如下：

```
ao-->
  extrude(10)
  comp(f) {front:qian | back:hou | right:you | left:zuo | top:ding}
qian  -->  color(1,0.5,0.5)
hou   -->  color(0.5,1,1)
you   -->  color(0.5,0.5,1)
zuo   -->  color(0.5,0.5,0.5)
ding  -->  color(0.2,0.2,0.2)
```

该代码思路即是通过拉伸“凹”字形主体建筑基底，并划分生成后立体模型的各个表面，通过各种不同颜色进行表示，如图 8 - 24 所示。

(3) 对生成的立体各个面，根据墙体表皮、屋顶形状等参数，进一步通过 texture(贴图)、i(模型替换)等命令细化建筑主体，从而完成建筑空间肌理的重构(图 8 - 25)。其中建筑屋顶可直接使用 CE 中内置的屋顶函数 roofGable(双坡屋顶)、roofHip(四坡屋顶)等直接实现。纹理贴图所使用的源文件，均来自南屏村实际拍摄所得，能够最大程度保证新生成的建筑肌理与原肌理相协调。其代码实现如下：

```
ding-->  #屋顶生成
```

```
    roofGable(30,1)      color(0.2,0.2,0.2)
qiang-->        #墙体贴图
    setupProjection(0,scope.xy,9,4)
projectUV(0)
texture("wall_stone_4.jpg")
```

图 8-24　建筑主体生成图示

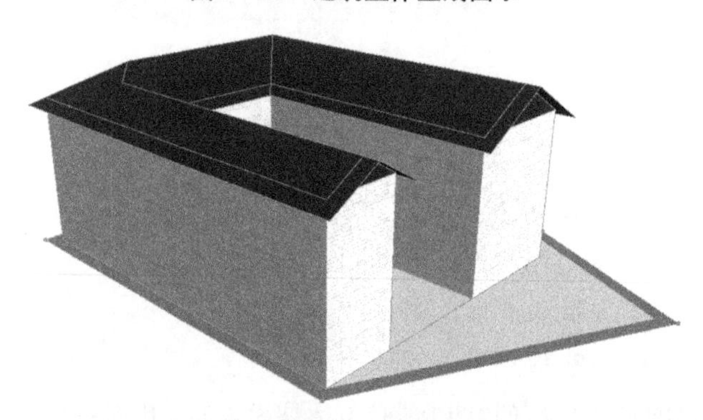

图 8-25　建筑屋顶及墙体贴图图示

在编写 CGA 规则重构模型的过程中，需要不断调试各项参数，并做进一步细化，直至最终生成建筑模型。

3) 建筑肌理参数化重构

将根据建筑肌理参数编写的 CGA 规则赋予细分后的地块，计算机即会快速生成三维建筑模型，如图 8-26 所示。在编写 CGA 规则时可通过定义变量来交互控制建筑形制、高度、贴图等属性，在模型生成后可选择某一建筑，在属性面板中进行属性变换，从而得到同步更新的整体模型效果(图 8-27)。

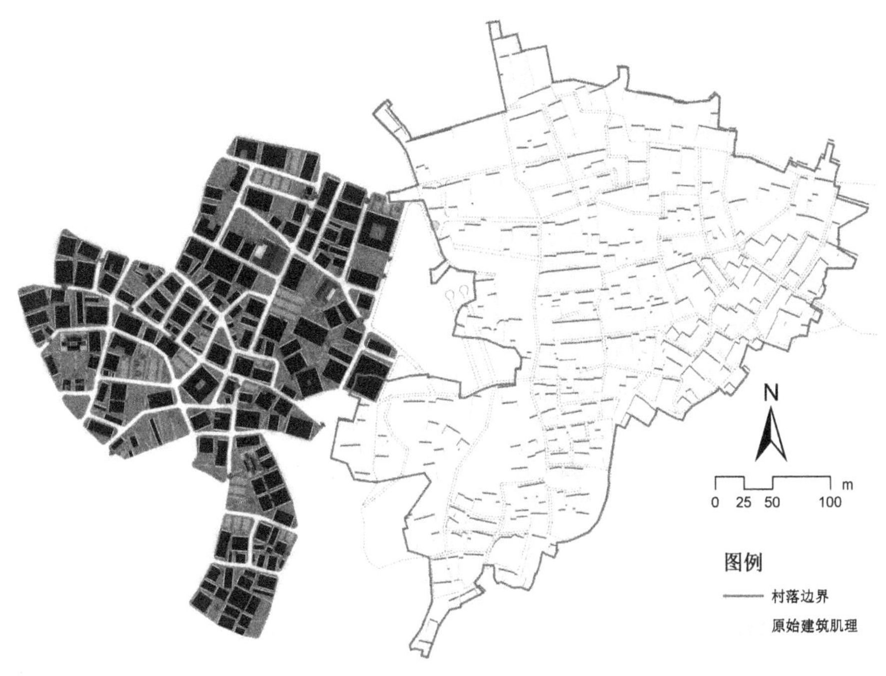

图 8－26　参数化模拟的建筑平面肌理

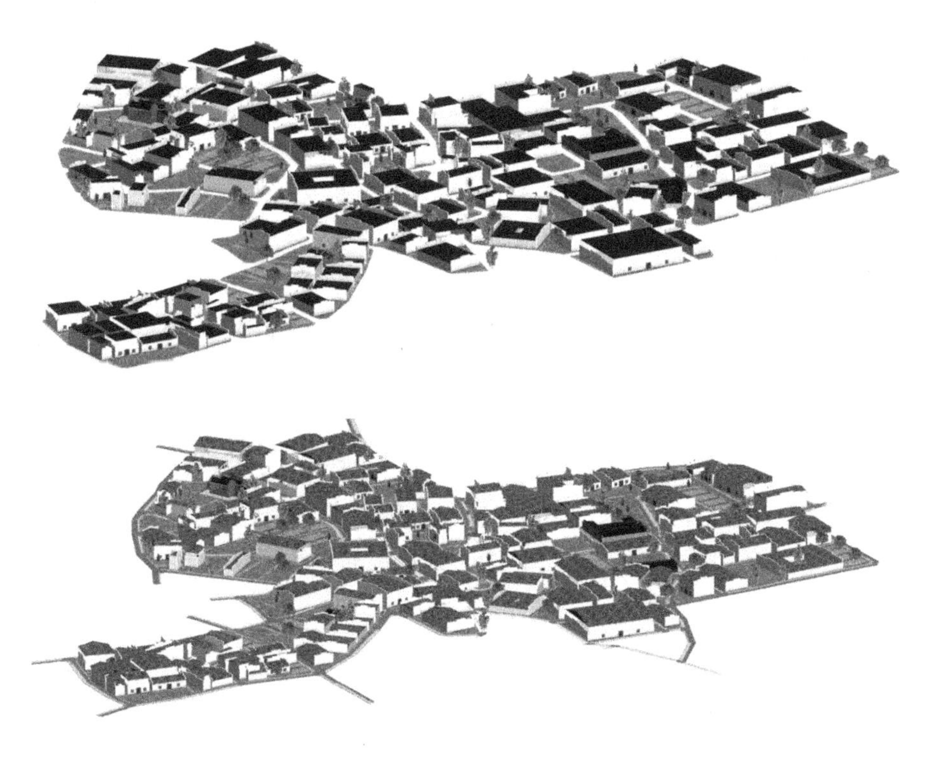

图 8－27　参数化重构村落肌理鸟瞰

8.5 参数化方案与常规规划方案的比较

8.5.1 文化与空间的关系

传统村落文化与空间肌理并非是各自独立的，村落文化依赖于空间场所而延续。常规规划能够通过规划师个人对于文化的感知，通过象形、隐喻等规划手法延续村落人文精神。CE参数化辅助设计的思路需要通过一系列的指标参数细化落实，工作量极为庞大，且由于数字化参数缺乏情感温度，实现文化延续的难度较大。

8.5.2 空间肌理形态

村落空间肌理形态不仅是村落的景观要素，也是村落内部秩序构成的外在表现。肌理形态的形成受到自然环境与文化传统的双重影响，有着显著的地域性特征。常规方案在规划时通常会首先考虑地块的规整性，以便于场地、道路、建筑等的施工建设，提高土地利用效率。但规整的地块必然会损失一定的空间肌理变化所带来的趣味性，不利于村落文脉的传承。CE通过参数化重构的空间肌理在平面布局与立体效果上都更为丰富，建筑体量、风格、密度等方面都延续了原来的村落特征，避免了方案设计的均质性，增加了村落的可识别性。同时，通过原肌理参数重构的方案，更加契合地域环境，与自然环境更为协调。

8.5.3 方案指标

传统方案在设计过程中通常采取制定用地指标、划定道路红线、规定建筑限高等手段来引导村落规划建设，这种方式能够严格保证各项用地指标符合相关要求，但也容易使得方案灵活性受限制，丧失村落原有的魅力与特色。参数化设计首先通过解析原村落肌理，提取相关参数，并充分考虑新时代背景下村落发展的实际与村民的需求，合理调整优化参数。通过规则编写将参数指标落实到各地块，一方面保障了用地指标的科学合理，另一方面由于计算机强大的模拟能力，增加了大量备选的规划方案，极大地拓宽了规划设计的思路。

8.5.4 方案实施

方案的实施是建立在扎实调查、合理规划的基础之上的，参数化设计需要解析每一栋建筑的权属信息、每一块公共空间的使用情况，因此较之传统规划方式而言，更需要在调研阶段投入更多精力，收集全面而详尽的村落信息。在调研过程中通过与村民的交流，能够更深入地了解村民需求，最大化地保障公共参与，从而有利于规划实施。方案确定后，CE 能够导出场景模型、节点鸟瞰、平面肌理、三维动画等多种展示效果，有利于广泛收集公众对于方案的意见与建议。并且由于 CE 参数化设计强大的可交互性，使得方案调整更为灵活与便捷。

徽州传统村落作为优秀中华文化的见证，在其自然生态环境系统、社会文化系统、宗族社会思想氤氲的多元主体系统的工作作用下，呈现出丰富多样、气势恢宏的空间形态，具有重要的历史价值和传承价值。改革开放四十多年的经济与社会的巨大变革，来自不同主体的需求和意愿使得传统空间不断遭到挤压和破坏，呈现出"格式化"抹杀乡土空间的多样性和特色以及"建设性"导致乡土风貌的古今混搭、凌乱无序。借助参数化规划设计理念，定量解构传统村落空间肌理的内在规律，是立足"传承"与"变革"的融合性，协调"古"与"今"的规划保护技术探索。解析与重构传统村落空间肌理，是对传统村落本身主体性和规律性的认识，是保留和传承村落传统特征，营造"乡愁"的重要途径之一。

9 结论与展望

9.1 研究结论

徽州传统村落的演进史是古代徽州人民适应自然、社会的进化史，通过社会实践发挥自身能动性对人与自然和人与社会的深刻认识，解析徽州传统村落复杂适应系统的组织特点，能够发现传统村落演进过程的基本规律，对传统村落系统的自组织和再兴有新的认知。本书从现象集的认知出发，建构复杂适应系统演化过程的方法模型，解释构成系统要素的组织规律，并基于新的发展背景提出传统村落空间重塑的路径。主要研究结论如下：

(1) 从徽文化表现内涵、徽州山水生态、聚落空间形态三个层次充分理解徽州传统村落的演变过程和规律。徽州地区山脉起伏、盆地穿插，聚落空间具有沿盆地、水系分布的特征，且多处于土壤肥沃地带，各种生态资源富足，区域气候条件宜人，各方面因素共同促进了徽文化的繁荣。通过对徽文化内涵及其表现形式的解析，发现徽州具备内外融合、开放包容的精神品质，聚族而居的组织形态，崇儒尊孔奉朱的思想观念，以及贾而好儒、商而兼仕的社会经济状态。聚落空间在徽州区域中则呈现出高度集中、分布不均衡、外疏内密的空间分布状态。传统村落空间的营造利用独特的地理环境和资源条件，既通过人的实践力量来引导、调节自然的变化，又遵循、适应自然运行规律的“裁成”“辅相”原则，体现“裁成天地之道，辅相天地之宜”的生态智慧。

徽州传统村落总体格局上的自然智慧主要体现在适应自然生态的系统性思维(规避灾害、理水防水)、赖以生存的生产生活资源的可获取性(耕地、采光、通风、宜居等)，以及对于地域系统如生命过程的整体性认识；体现在社会语义主要是对于宗族精神的敬畏、治理秩序的尊崇以及共同体文化价值取向的认同。

(2) 基于复杂性系统的认知，将复杂适应系统理论在徽州传统村落中进行转译，徽州传统村落复杂适应系统由多个适应性主体与环境之间相互作用形成的复杂适应系统，系统结构按照宏观构成可以分为四大系统：多元主体系统、自然生态环境系统、社会文化环境系统和聚落空间环境系统。自然生态环境作为传统村落系统赖以发展的物质基础而存在，是一项先决条件。社会文化环境作为传统村落系统发生发展的社会基础，为其构建了在一定地域范围内高度认同、可识别的文化共同体——徽文化实验区。聚落空间环境是传统村落系统的空间载体，是具有行为能力的主体从事生产生活的地理空间，是传统村落物质系统与非物质系统发展成果的空间投影。传统村落适应性系统的演进过程是自组织与他组织共同作用的结果，其中离不开多元主体的适应性感知和行为，是系统演化的核心驱动力。四大系统之间通过流作用，基于物质流、信息流、能量流的交互实现传统村落系统的有序跃升。系统的组织过程即是人与自然环境不断发生交互关联的过程，从选址到空间组织都遵循这种系统性的思维，与自然环境和社会文化相调适。

（3）引入景观适应度理论 NK 模型，利用“适应度”识别传统村落主体以构建传统村落自适应演化的 NK 模型，分析徽州传统村落复杂适应系统的演进规律，揭示传统村落的自适应演化的过程和发展涌现的路径。传统村落发展是一个渐进的过程，需要在实践中不断摸索，能够保证主体适应性学习每一步都有最大适应度的是 0000→0001→0011→0111→1111，即原始形态的徽州村落发展首先要关注的是居民生存发展这一基本要素，在得到适宜的生存环境后，村落向前发展面临一系列选择，选择适应性低的发展路径就可能会引起村庄的衰败或停滞不前，根据传统村落复杂适应系统“适应性”游走规律，社会文化系统对徽州村落的发展演进起到推动作用，成为内核力量，在社会文化的影响下，形成了特殊的地域聚落空间景观。自然生态系统是系统形成的基础，而传统村落想真正达到和谐共生的完美发展，在各个阶段需要多元主体的共同参与。传统村落系统从古至今经历兴衰更迭与传承是多主体、多系统竞合、协同作用的结果。

（4）立足现状，充分认识徽州传统村落在城镇化进程中的环境—土地—经济—社会问题以及传统村落空间肌理的破坏等一系列发展过程中的问题，基于复杂适应系统从鼎盛到衰落的结构性跌落和从无序到有序的复杂性再生理解，从“基于价值网络重构的村落旅游产业空间组织——社会空间秩序的营造——层级生态网络的建构——基于参数化解析的聚落空间肌理的延续”来优化徽州传统村落的复杂适应系统，建构传统村落空间再兴的体系，在传统乡土社会空间秩序被打破的情境下，满足生产生活的内容和复杂化的需求，传承其历史演进过程中所形成的传统价值和记忆空间秩序。充分考虑适应性主体之间以及主体与环境之间的复杂关系以规划调控实现传统村落的保护传承及乡村的振兴与发展。

9.2 研究展望

1）自组织与他组织的相互调适：主体的多元化与参与

城镇化导向下传统村落的变革是必然的，找寻可持续的发展路径是传统村落在统一保护与发展矛盾之后相当长时间内探索的过程。就目前来看，随着聚落空间自组织秩序的瓦解，完全依赖系统内部的相互作用的自组织力难以适应当下宏观社会环境的发展，应正确对待系统的外部力量和内部能量。

人类社会系统本身就是一个多元化的社会，所谓多元主要表现在社会中诸多的主体与组织之间存在利益关系或价值观差异。这种多元化虽然非社会主张，但却是当今社会发展的常态，在以人为本倾向的社会治理模式下，利益的冲突往往是一种理性的冲突，是可以通过彼此妥协、谈判、约束机制等来解决，实现主体博弈后的各取所需，对于利益冲突需要探讨解决问题的规则，好的制度规范能够消解自适应过程中的诸多冲突。纵观徽州传统社会的治理秩序和历程，主体结构从“宗族士绅”走向“乡政村治”的基层治理逻辑。从政府管理与村民自治的融合初步实现传统村落乡村社会的多元化治理发展，但在治理过程中仍然避免不了由于认知层面、信息差异等带来的诸多矛盾。多元主体的参与既能够最大程度消解“政府—村两委—村民”这种单一的权力治理构成，又能够通过多主体的多元互动和集体行动弥补政府与村民对于公共物品的治理缺位。从治理权力的组织化来看，自上而下的政府管理、社会组织的横向管理均属于他组织作用，属于传统村落外部力量的植入，村民自治属于自组织，是传统村落内生性力量，通过“自上而下、自下而上、横向植入、多元融合”的参与式治理模式的构建对于实现治理秩序的科学化有着重要的作用。因此，实现传统村落适应性系统当下的最优发展路径需要建构多主体协同规划治理的模式，以多元利益主体为前置，以改善民生与人居为突破口，通过文化内核的素质治理，培养村民权利意识和自治能力，利用法制、新型村规民约和市场契约规制多主体的行为准则形成上下联动、内外耦合的传统村落治理模式（图9－1）。

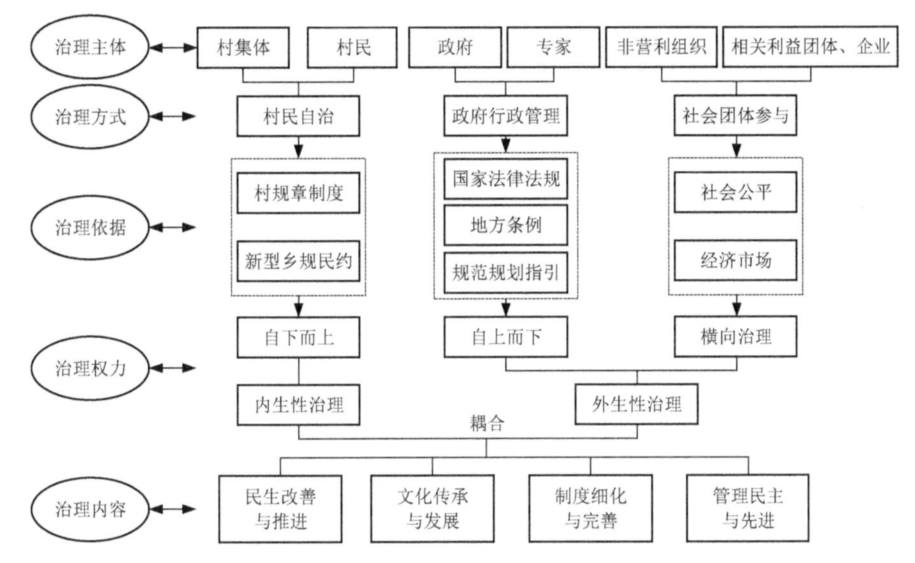

图 9－1　多元主体参与传统村落治理的逻辑示意

2）传统村落文化复兴、生态智慧、乡村振兴的探索是时代命题

本书的成稿是基于徽州传统村落的演化实证研究，集成 NK 景观度模型、层级生态网络构建、价值网络重构、CE 参数化技术等定量化模型在城乡规划学领域的尝试与应用，希望提出一种"文态—形态—生态"耦合的技术方法，将传统村落的空间重塑通过文化、生态与技术协同考虑来实现。传统村落的发展及其空间作用诚然是经济、社会、文化、制度、权属等共同作用的结果，聚落空间的背后一定是人与自然适应性共生、多主体共同作用的漫长过程，无论是保护还是传承发展根本上离不开文化的意蕴和人的能动性。因此，对于量化模型的探索与人文化的主观难以描述性能不能融合归根结底是"技术理性"与"价值理性"的如何耦合？从复杂适应系统发展规律来看，事物本身都是源于"统一"，发展于"分裂"，最终走向"再融合"，实现跃升。从论文的研究方法和模型与传统村落文化内涵及主体的关系来看，其都是基于适应性认知的基础上架构的评价模型，具有融合的可能性。当然，任何技术和方法都不可能做到尽善尽美，不能把所有问题处理得面面俱到，需要结合人的主观能动性来辅助修订。

徽州传统村落的保护与发展是社会经济建设和文化传承的重要使命，传统村落以其特殊的山水生态、文化形态、时空延续方式等的有机融合，研究艺术与技术形式的有机结合，探索山、水、人、居的空间和聚居形态方式的推广具有重要的学术意义和实践价值。随着城镇化进程和现代生活需求的渗透，传统村落作为中国最为传统的聚落空间形式也进入了建设新时期，共同推动了传统村落系统的社会经济增长、人口转移、土地转化、生态环境的平衡关系需要再建构，加剧了系统人居环境品质改变和对自然生态环境的侵害，创新传统村落保护发展的理论与实践，提出传统村落自然生态保护、空间形态保护、旅游空间组织、文化表现形式的传承等是实现乡村振兴、凸显规划技术继承创新和空间协同的重要举措，对传承和发展传统村落的社会价值、文化价值、旅游经济价值等具有新时代意义。

后 记

本书是在我的博士学位论文基础上稍加修改而成。在国家推进新型国土空间治理和弘扬优秀传统文化的背景下，传统村落保护与发展关系到政策、资金、人才等多元复杂要素的综合驱动，学界研究必然会进一步完善传统村落理论框架，研究内容与尺度也会不断得到拓宽，因此，本书的研究只能说是在前人研究基础上稍作的一点探索，需要与诸多学友进一步探讨、完善。

书稿已经完成，手机中还保留着那年答辩期间南园倏忽秋已尽的几张照片。

往事跃心头，本以为只会回首读博以来的心路历程，然过往求学经历的种种，的确有种"情不知所起，一往而深"的感觉。庆幸此生所遇皆良人，促我成长。

首先我想感谢 2020 年，这一年必然成为国人心中永恒的记忆，于我而言，这一年，真的好感激，这一年真的好荣幸，励志且充实。

感谢我南，冥冥中的一种缘分，从 2010 年始，源于草根逆袭的梦，不曾想兜兜转转回来续上了缘，自此我坚信命运的安排，人生总有一些际遇是注定的。感谢我南，不是因为我记住了"诚朴雄伟，励学敦行"的校训，不是因为我被"北大楼的常青藤、小礼堂的挂铜钟"的历史厚重震慑了，也不是因为我眷顾了"一碗皮肚面，阿要辣油啊"的生活气。感谢我南，是因为我瞥见了"以出神入化之功、收出类拔萃之效"的建设南大践行者，是因为我耳濡目染了崔功豪、鲍家声等老先生"南大建城人的责任与担当"，也是因为我被深深烙上 CMYK 色值(C：50，M：100，Y：0，K：40)的"南大紫"。

感谢各位恩师，授人以渔。感谢徐建刚老师的谆谆教诲和因材施教，钦佩徐老师的学术敏锐度，尽管我做的不是徐老师的课题，但每每讨论，恩师扎实的学术功底和严谨务实的学术态度总是能给予我深深启发。感谢恩师基于城乡规划学科发展导向，在横向实践方面给予我锻炼。感谢我的硕导陈晓华教授，值此落笔之际，恩师形象跃然纸上，倘若没有恩师一路上的提点，可能我连硕士都不会去读，更不会走上今天的教学与科研之路，感恩平日里教导我为人处世的道理，实为人生导师。感谢储金龙教授,恩师不只是"授人以鱼",还"以渔授之",总是让我受益颇深,恩师一直是我的精神力量,激励我不断前行,永怀追梦赤子心。德不孤,必有邻。感恩求学道路上一直以来鼓励支持我的各位恩师,他们是同济大学的赵民教授、张立教授,中山大学的周春山教授、袁媛教授、刘晔教授,中国人民大学的郤艳丽教授,南京大学的李满春教授、翟国方教授、甄峰教授、罗震东教授、罗小龙教授,南京师范大学的张小林教授、杨山教授、李红波教授等。

感恩各位兄长,因为"一丘之貉"。很是庆幸在安徽建筑大学遇到一群志同道合还极具包容的兄长们,他们是汪勇政、顾康康、季益文、张乐、王新、肖铁桥等,我们总是能无拘无束地畅谈,不患得患失地合作。尤其作为"尚建董事局"成员的汪勇政和顾康康两位教授,真是亦师亦友亦兄长。

感谢好友,共担喜悲。在此,我要特别感谢韦胜博士、韩兵博士、殷敏博士、罗桑扎西博士、唐蜜博士以及诸多同窗好友。感谢在南京大学学习过程中,他们与我相互探讨、彼此切磋、共享进步之欢愉。宇宙很大,生活更大,愿吾辈都拥有一个灿烂的前程,也愿能继续怀有单纯善良之心。

感恩父母,生我劬劳。愿往后多尽孝道,我们一起共叙"你育我小,我养你老"的中华传统美德。

忆往昔岁月,白云苍狗。感恩三十年心路历程中的每一个陪伴,感谢我们彼此成就。

摘录一句话勉励:人生每个阶段,中间告一段落,想休息了,就用逗号;完成一个阶段之后,画上句号,句号表示结束。人与人相处都有一个阶段,有长有短。阶段结束,就用句号;句号并不意味结束,把句号放大就是一个零,零又是一个新的开始。以零的谦卑姿态走上新的岗位,以零的积累变成十、百、千、万……

往后余生,走出自己的道路和精彩。

最后,我要诚挚感谢东南大学出版社马伟编辑为本书出版发行所付出的辛劳。

李久林
2022 年 12 月于安徽建筑大学